项目引领、任务驱动系列化教材

# 液晶显示器检测与维修

主　编　苑　红
副主编　郭文武　李　薇

国防工业出版社
·北京·

# 内 容 简 介

本书共有四个学习单元,均以动手实操带动理论知识的学习,从练习拆装液晶显示器开始,先让学生直观地认识液晶显示器的结构和组成部件;再逐一完成液晶显示器典型故障的判断、检测与维修任务。每个学习单元分为任务描述、实训准备、实训指导、知识仓库、任务考核和拓展知识等。学习单元之间既相对独立又相互联系。学生能在实训指导中完成动手操作练习,在知识仓库中系统地学习理论知识,并能按任务考核要求明确任务目标,将学习成果应用到实际维修实践中,学以致用,快速成长为液晶显示器维修工程师。

本书图文并茂,版面形式活泼新颖,适合职业学校的学生和计算机维修爱好者使用,也可作为技能培训机构的教学用书。

**图书在版编目(CIP)数据**

液晶显示器检测与维修/苑红主编. —北京:国防工业出版社,2015.5
ISBN 978 – 7 – 118 – 10143 – 0

Ⅰ.①液… Ⅱ.①苑… Ⅲ.①液晶显示器 – 检修②液晶显示器 – 维修 Ⅳ.①TN141.9

中国版本图书馆 CIP 数据核字(2015)第 109605 号

※

*国防工业出版社*出版发行
(北京市海淀区紫竹院南路 23 号 邮政编码 100048)
北京奥鑫印刷厂印刷
新华书店经售
*

开本 787×1092 1/16 印张 7 字数 159 千字
2015 年 5 月第 1 版第 1 次印刷 印数 1—3000 册 定价 29.00 元

**(本书如有印装错误,我社负责调换)**

国防书店:(010)88540777 发行邮购:(010)88540776
发行传真:(010)88540755 发行业务:(010)88540717

# 前　言

北京市信息管理学校是国家级改革发展示范校,计算机与数码产品维修专业是示范校重点建设项目之一,本专业坚持走工学结合之路,在课程体系建设过程中,完成了所有核心专业课的开发工作,课程内容以工作过程为导向,对典型工作任务进行分析,对教学内容按照工作项目划分,采用任务驱动教学方法引领专业教学,注重对学生实践能力的培养。

本书由数码技术系和中盈创信(北京)商贸有限公司联合编写,以中盈创信(北京)商贸有限公司研发生产的液晶显示器仿真功能板为依托,将一线维修工程师的工作经验与北京市信息管理学校专业教师的教学经验相结合,实用性和创新性相结合,理论与实践相结合,注重对学生实践能力的培养,使学生建立清晰准确的维修思路,掌握熟练的维修技巧,为成为一名合格的维修工程师做准备。

本书有四个学习单元,以动手实操带动理论学习,从练习拆装液晶显示器开始,首先让学生直观地认识液晶显示器的结构和组成部件,然后再逐一完成液晶显示器典型故障的判断、检测与维修任务。每个学习项目分为任务描述、实训准备、实训指导、知识仓库、任务考核和拓展知识等,学习项目之间既相对独立又相互联系。学生能在实训指导下完成动手操作练习,在知识仓库中系统地学习理论知识,并能按任务考核要求明确任务目标,将学习成果应用到实际维修实践中,学以致用,快速成长为液晶显示器维修工程师。

本书图文并茂,版面形式活泼新颖,适合职业学校的学生和计算机维修爱好者使用,也可作为技能培训机构的教学用书。

本书在编写中参考了大量文献资料,特向原作者表示敬意和感谢,同时对中盈创信公司王建云、申建国等工程师对本书编写工作给予的大力支持表示感谢。

参与本书编写的专业教师有郭文武、李薇等,由于作者水平与经验有限,书中难免有错误和不足之处,恳请广大读者提出宝贵意见。

作者

2015 年 2 月

# 目 录

学习单元一　拆装液晶显示器 ································································· 1

单元目标 ···································································································· 1

单元描述 ···································································································· 1

任务一　拆装液晶显示器 ············································································ 2

【实训准备】 ···························································································· 2

【实训指导】 ···························································································· 2

【知识仓库】 ···························································································· 5

【任务考核】 ··························································································· 13

任务二　清洁维护液晶屏 ··········································································· 13

【实训准备】 ··························································································· 13

【实训指导】 ··························································································· 13

【知识仓库】 ··························································································· 15

【任务考核】 ··························································································· 18

拓展知识 ·································································································· 18

学习单元二　检修电源板 ············································································ 23

单元目标 ·································································································· 23

单元描述 ·································································································· 23

任务一　检修电源电路 SOL 仿真功能板 ························································ 23

【实训准备】 ··························································································· 23

【实训指导】 ··························································································· 24

【知识仓库】 ··························································································· 29

【考核评价】 ··························································································· 37

任务二　维修液晶显示器电源板故障 ····························································· 37

【实训准备】 ··························································································· 37

【实训指导】 ··························································································· 37

【知识仓库】 ··························································································· 42

【任务考核】 ··························································································· 44

拓展知识 ·································································································· 44

**学习单元三　检修高压板** ·························································· 50

　　单元目标 ················································································ 50

　　单元描述 ················································································ 50

　　任务一　检修高压电路 SOL 仿真功能板 ····································· 51

　　　　【实训准备】 ······································································ 51

　　　　【实训指导】 ······································································ 51

　　　　【知识仓库】 ······································································ 56

　　　　【任务考核】 ······································································ 62

　　任务二　维修液晶显示器高压板故障 ········································· 62

　　　　【实训准备】 ······································································ 62

　　　　【实训指导】 ······································································ 62

　　　　【知识仓库】 ······································································ 70

　　　　【考核评价】 ······································································ 74

　　拓展知识 ················································································ 74

**学习单元四　检修驱动板** ·························································· 78

　　单元目标 ················································································ 78

　　单元描述 ················································································ 78

　　任务一　检修驱动电路 SOL 仿真功能板 ····································· 79

　　　　【实训准备】 ······································································ 79

　　　　【实训指导】 ······································································ 79

　　　　【知识仓库】 ······································································ 85

　　　　【任务考核】 ······································································ 92

　　任务二　维修液晶显示器驱动板故障 ········································· 92

　　　　【实训准备】 ······································································ 92

　　　　【实训指导】 ······································································ 92

　　　　【知识仓库】 ······································································ 98

　　　　【任务考核】 ····································································· 105

　　拓展知识 ··············································································· 105

# 学习单元一 拆装液晶显示器

## 单元目标

(1) 了解市场主流液晶显示器的品牌型号、结构特点。

(2) 掌握液晶显示器的拆装步骤。

(3) 了解液晶显示器的工作过程及其主要电路的工作原理。

(4) 掌握液晶显示器的硬件结构。

(5) 掌握液晶显示器整机的上电测试方法。

(6) 掌握拆装液晶显示器常见问题的处理方法。

(7) 具备客户接待、客户沟通的能力。

(8) 具备描述故障现象及文字记录的能力。

(9) 具备正确识读液晶显示器品牌、型号、硬件名称的能力。

(10) 具备熟练拆装液晶显示器、完成整机清洁、整机测试的能力。

## 单元描述

这个单元就是让同学们亲自动手"解剖"液晶显示器，把液晶显示器"大卸八块"，然后再恢复原状。能拆散还能组合，不损坏部件，不丢失和产生多余的螺丝。

拆装液晶显示器是维修人员应掌握的基本技术，也是维修液晶显示器必备的技能。本次任务通过拆装液晶显示器的操作练习，既可以掌握液晶显示器的拆装方法和拆装流程，也可以直观地认识液晶显示器的结构和各组成部件，从而了解各组成部件的名称及作用，为后续故障维修做好准备。

# 任务一　拆装液晶显示器

**【实训准备】**

工具准备：一字螺丝刀和十字螺丝刀各一把。

设备准备：液晶显示器一台，多种型号液晶显示器的电源板、高压板、驱动板。

具体任务：(1) 练习液晶显示器整机拆卸与安装。

　　　　　(2) 识别液晶显示器各种部件及拆装方法。

　　　　　(3) 熟知液晶显示器各种部件的名称及作用。

**【实训指导】**

### 1．液晶显示器可拆卸部件

液晶显示器可拆卸部件主要包括底座、底座连接件、后盖、电源板、高压板、驱动板、功能控制板、电路板保护板、液晶屏、背光灯管和前框等，如图 1-1-1 所示。

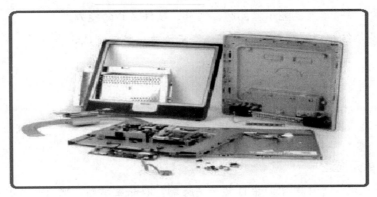

图 1-1-1　液晶显示器可拆卸部件图

### 2．液晶显示器拆装流程

各种液晶显示器在结构上大致相同，维修前按图 1-1-2 所示顺序拆卸，维修完成后按图 1-1-3 所示顺序安装。拆卸和安装的顺序正好相反。

---

**安全提示**

不要私自拆卸液晶显示器，要听从老师的指导，安全操作。

液晶显示器的标签上一般都会有"为避免触电，请勿自行打开后盖。若需要服务，请与专业或授权人员联系"的警告，如图 1-1-4 所示。

---

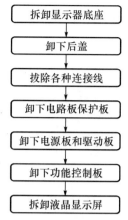

图 1-1-2　液晶显示器拆卸流程图

拆卸显示器底座 → 卸下后盖 → 拔除各种连接线 → 卸下电路板保护板 → 卸下电源板和驱动板 → 卸下功能控制板 → 拆卸液晶显示屏

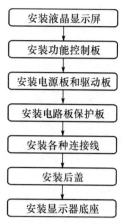

图 1-1-3　液晶显示器安装流程

安装液晶显示屏 → 安装功能控制板 → 安装电源板和驱动板 → 安装电路板保护板 → 安装各种连接线 → 安装后盖 → 安装显示器底座

图 1-1-4　液晶显示器上"警告"标识

### 3. 液晶显示器拆卸方法

**操作准备**

准备一块液晶屏幕大小的泡沫塑料，将液晶显示器的屏幕朝下平放在泡沫塑料上，然后进行整机拆卸。操作步骤如图 1-1-5 所示。

| 拆卸步骤图示 | 拆卸步骤图解 |
|---|---|
| 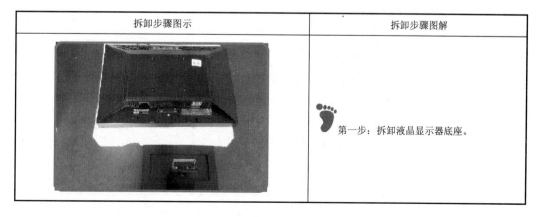 | 第一步：拆卸液晶显示器底座。 |

 第二步：卸下后盖。

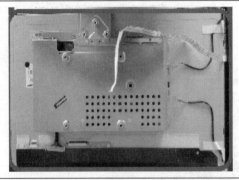

第三步：拔除各种连接线。

第四步：卸下电路板保护板。

小贴士：拆下金属屏蔽罩后，就可以清楚地看见内部的电路板。电路板用螺丝固定在屏蔽罩上，把它们拆下来可以看得更清楚。

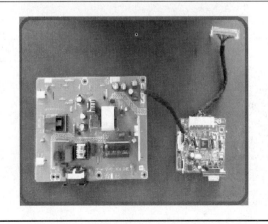

第五步：卸下电源板和驱动板。

| | |
|---|---|
| 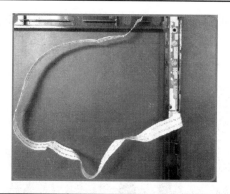 | 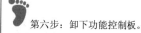第六步：卸下功能控制板。 |
|  | 第七步：拆卸液晶显示屏。 |

拆装过程分析：这里选取了一种液晶显示器为例进行操作，不同品牌和型号液晶显示器的拆装过程有所不同，要进行具体分析，拆装前认真观察其结构特点。液晶显示器的拆装过程正好相反。

图 1-1-5　DELL1910H 液晶显示器拆卸步骤示意图

### 4. 液晶显示器拆装注意事项

(1) 先检查液晶显示器的外观，观察是否有裂纹、划痕、缺损等情况。

(2) 观察液晶显示器结构，看清连接点、卡扣点、黏合点、螺丝位置数量等情况。

(3) 拆机前切断电源，准备好工具、螺丝收纳盒、保护液晶屏的软垫等物品。

(4) 拆机过程中，要记住每个模块(零部件)的位置、安装方式、状态等情况。

【知识仓库】

**知识储备**

1. 液晶显示器的特点

2. 液晶显示器的种类

3. 液晶显示器的结构

4. 液晶显示器的工作原理

### 1. 液晶显示器的特点

液晶显示器，简称 LCD( Liquid Crystal Display)显示器。显像管显示器，简称 CRT 显示器。液晶显示器是计算机硬件发展史上的里程碑，如图 1-1-6 所示。

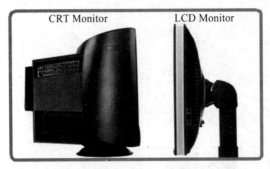

图 1-1-6　CRT 和 LCD 显示器外观对比图

LCD 显示器的优点是体积小、厚度薄(目前 14.1in 的整机厚度只有 5cm)、质量轻、耗能少($1\sim10\,\mu W/cm^2$)、工作电压低($1.5\sim6V$)、无辐射、无闪烁并能直接与 CMOS 集成电路匹配。随着数字时代的来临，数字技术必将全面取代模拟技术，LCD 显示器将全面取代 CRT 显示器。其特点如图 1-1-7 所示。

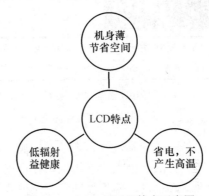

图 1-1-7　LCD 显示器特点示意图

### 2. 液晶显示器的种类

1) 按物理结构分类

按物理结构分类即根据液晶分子的排布方式分类，如图 1-1-8 所示。

图 1-1-8　液晶显示器物理结构分类图

(1) 窄视角模式的三种显示器有 TN-LCD、STN-LCD 和 DSTN-LCD，它们的显示原理相同，只是液晶分子的扭曲角度不同。

6

TN 型：即扭曲向列型(Twisted Nematic)，液晶分子扭曲角度为 90°。

STN 型：即超扭曲向列型(Super TN)，其 S 即为 Super 之意，也就是液晶分子的扭转角度加大，呈 180°或 270°，以达到更优越的显示效果(因对比度加大)。

DSTN 型：即双层超扭曲向列型(Double layer STN)，其 D 为双层之意，因此又比 STN 更优异些。DSTN 的显示面板结构较 TN 与 STN 复杂，显示画质更为细腻。

(2) 宽视角模式。

IPS 型：平面转换(In-Plane Switching)，俗称为"Super TFT"。

VA 型：垂直取向(Vertical Alignment)。

FFS 型：边缘场驱动方式。

2) 按接口结构分类

根据液晶显示器与计算机主机连接的接口类型分类如图 1-1-9 所示。

图 1-1-9　液晶显示器接口结构分类图

(1) 模拟接口：可完全兼容业界标准 VGA 视频信号接口显卡，如图 1-1-10 所示。模拟接口显示器只能接收模拟信号，计算机中运行的数据为数字信号。所以，计算机上的数字信号需要显卡转化成模拟信号后通过连接线传输到显示器，然后，在显示器上以数字信号的形式显示出来。由于信号间的转换过程中有损耗，所以会影响图像质量。

图 1-1-10　液晶显示器模拟接口实物图

(2) 数字接口：需要与带有数字视频信号接口的显卡配合使用。它没有信号转换的问题，电路简单、价格便宜、图像质量好，如图 1-1-11 所示。

图 1-1-11　液晶显示器数字接口实物图

### 3. 液晶显示器的结构

1) 外部结构

从外形上看，液晶显示器由底座、外壳、显示屏、电源开关和功能按钮等几部分组成，如图 1-1-12 和图 1-1-13 所示。

图 1-1-12 液晶显示器外观正面图

图 1-1-13 液晶显示器外观背面图

2) 内部结构

从内部结构看,液晶显示器主要由电源板、高压板(也称高压条,有的和电源板设计在一起)、驱动板、功能控制板(也称按键板)、液晶面板组成,如图 1-1-14 和图 1-1-15 所示。

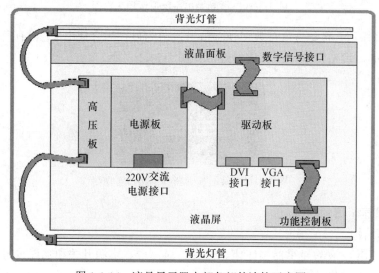

图 1-1-14 液晶显示器内部各部件连接示意图

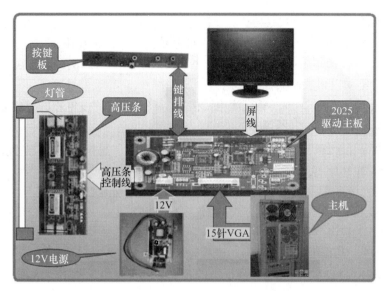

图 1-1-15　液晶显示器内部结构连接实物图

### 4．液晶显示器的工作原理

1) 各部分电路的作用

(1) 电源板。液晶显示器的电源电路板分为开关电源板和 DC／DC 变换板两部分，如图 1-1-16 和图 1-1-17 所示。

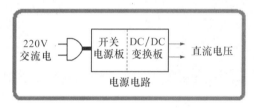

图 1-1-16　电源板组成方框图

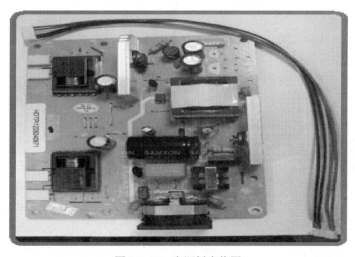

图 1-1-17　电源板实物图

开关电源的作用：将 90～240V 的交流电压转换成 12V 供给 DC／DC 变换板和高压板电路；1.5V 和 3.3V 的直流电压输出，供给驱动板和高压板使用。

DC/DC 变换板的作用：将开关电源产生的直流电压(如 12V)转换成 5V、3.3V、2.5V 等电压，供给驱动板和液晶面板等使用。

**标志性元器件**　220V 交流电源接口、整流桥、滤波电容、LM7805 三端稳压器等。

目前，液晶显示器的开关电源主要有两种安装形式：①采用外部电源适配器(Adapter)，这样输入显示器的电压就是电源适配器输出的直流电压；②在显示器内部专设一块开关电源板，即所谓的内接方式，在这种方式下，显示器输入的是交流 220V 电压。

DC/DC 变换板也有多种安装方式：①专设一块 DC/DC 变换板；②和开关电源部分安装在一起(开关电源采用机内型)；③安装在主板中。

(2) 高压板。其作用是将主板或电源板输出的 12V 和 5V 的直流电压转换成 600～1500V 高频高压交流电，点亮液晶面板上的背光灯。其实物如图 1-1-18 所示。

**标志性元器件**　背光灯管供电接口、升压变压器等。

图 1-1-18　高压板实物图

高压板俗称高压条(因为电路板一般较长，为条状形式)，有时也称为逆变电路或逆变器。

高压板主要有两种安装形式：①专设一块电路板；②和开关电源电路安装在一起(开关电源采用机内型)。

(3) 驱动板。也称主控板，主要用于接收、处理从外部送进来的模拟或数字图像信号，并通过屏线送出驱动信号，控制液晶面板工作。其实物如图 1-1-19 所示。

**标志性元器件**　模拟(VGA)信号接口、数字(DVI)信号接口、微处理器、图像处理器、时序控制芯片、晶振等。

(4) 功能控制板。按键电路的作用就是控制电路的通与断。按下开关时，按键电子开关接通；松开后，按键电子开关断开。按键开关输出的开关信号送到驱动板上的 MCU 中，由 MCU 识别后，输出控制信号，控制相关电路完成相应的操作和动作。其实物如图 1-1-20 所示。

**标志性元器件**　电源开关、按键、指示灯等。

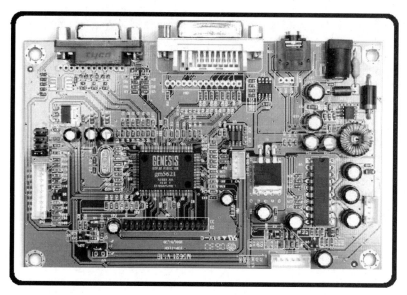

图 1-1-19 驱动板实物图

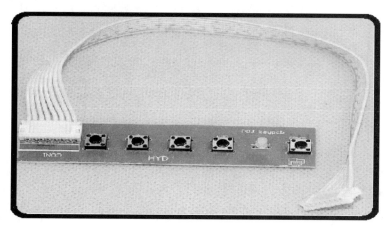

图 1-1-20 功能控制板实物图

(5) 液晶面板。液晶面板上的驱动电路产生控制液晶分子偏转所需的时序和电压。背光灯管产生白色光源照亮液晶屏，从而使液晶屏显示图像信息。

液晶面板由液晶屏、LVDS 接收器、驱动 IC 电路(包含源极驱动 IC 与栅极驱动 IC)、时序控制 IC(TC0N)和背光源五部分组成。

生产厂家把所有部件用钢板封闭起来，只留有背光灯插头和驱动电路输入插座，这种组件被称为液晶显示模块 LCD Moduel(LCM)，通常也称为液晶板、液晶面板等，具体如图 1-1-21 和图 1-1-22 所示。

2) 液晶显示器工作原理

(1) 220V 交流电接入电源板后，电源电路开始工作，电源电路输出驱动板和高压板工作需要的直流电压。

(2) 同时电源板为高压板提供的工作电压，经过逆变处理后，为背光灯管供电。背光灯管获得电压后发光，为液晶屏提供光源，使液晶屏显示图像。

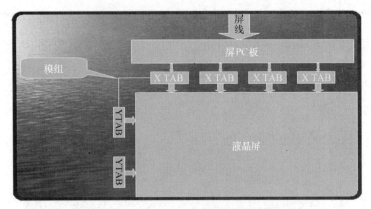

图 1-1-21　液晶屏和液晶面板组件示意图

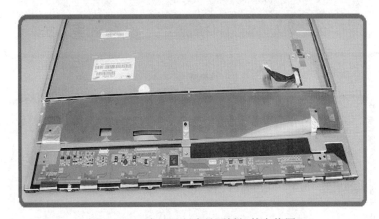

图 1-1-22　液晶屏和液晶面板组件实物图

(3) 计算机主机将图像信号输入驱动板,驱动板输出驱动控制信号到液晶面板驱动电路,从而驱动液晶屏显示图像。

(4) 驱动板与功能控制板通过连接线传输操作指令和控制信号,如图 1-1-23 所示。

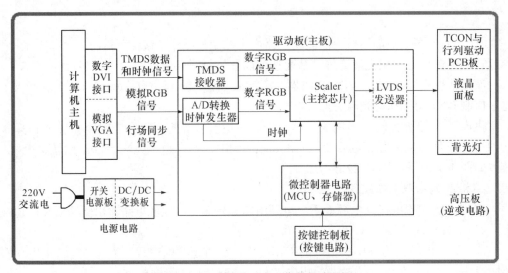

图 1-1-23　液晶显示器工作信号流程图

**【任务考核】**

考核评价表

| 序号 | 考核项目 | 考核标准 | 分值 | 自我评价 | 小组评价 | 教师评价 |
|---|---|---|---|---|---|---|
| 1 | 拆装液晶显示器 | 部件完全分离 | 10 | | | |
| | | 无部件损坏 | 5 | | | |
| | | 无连接线折断 | 5 | | | |
| | | 液晶屏完好 | 10 | | | |
| | | 安装全部完成 | 10 | | | |
| | | 显示器正常工作 | 10 | | | |
| 2 | 识别液晶显示器部件 | 能正确识别部件 | 15 | | | |
| | | 能正确表述名称 | 15 | | | |
| 3 | 安全操作 | 断电操作 | 5 | | | |
| | | 无人身伤害 | 5 | | | |
| 4 | 整理工作台 | 整理工具设备 | 5 | | | |
| | | 桌椅摆放整齐 | 5 | | | |
| 合计 | | | 100 | | | |

## 任务二  清洁维护液晶屏

**【实训准备】**

　　工具准备：数字万用表一块、数字示波器一台、直流稳压电源一台、液晶显示器一台、清洁套装一套。

　　设备准备：液晶显示器。

　　具体任务：(1) 熟知液晶屏的常用清洁用品及工具的使用。

　　　　　　　(2) 完成液晶屏的清洁工作。

**【实训指导】**

**清洁液晶屏的方法**

清洁剂+毛刷+专业擦屏布（或纯棉无绒布、不掉屑纸巾）=液晶屏清洁

小提示：

(1) 清洁液晶显示屏不可用硬布、硬纸擦拭。

(2) 不要使用含有酒精或丙酮的清洁液或含有化学成分的清洁剂。

(3) 不能将液体直接喷射到屏面，以免液体渗透进保护膜。

(4) 擦拭时从显示屏一侧擦到另一侧，直到全部擦拭干净为止。

清洁维护液晶屏的具体方法如图 1-2-1 所示。

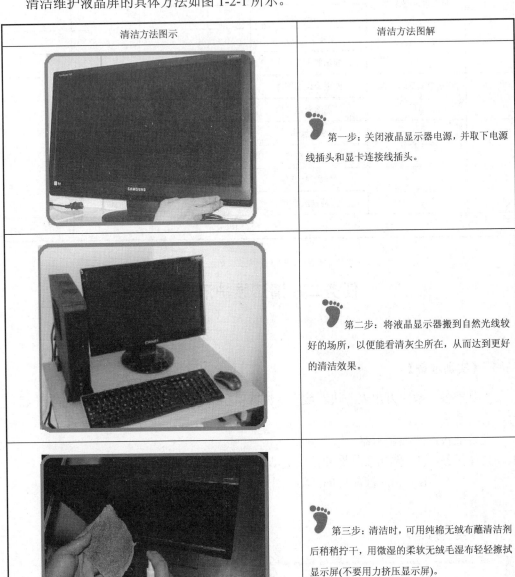

| 清洁方法图示 | 清洁方法图解 |
| --- | --- |
| | 第一步：关闭液晶显示器电源，并取下电源线插头和显卡连接线插头。 |
| | 第二步：将液晶显示器搬到自然光线较好的场所，以便能看清灰尘所在，从而达到更好的清洁效果。 |
| | 第三步：清洁时，可用纯棉无绒布蘸清洁剂后稍稍拧干，用微湿的柔软无绒毛湿布轻轻擦拭显示屏(不要用力挤压显示屏)。 |

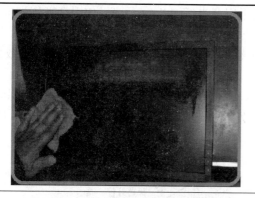

第四步：用微湿的柔软湿布清洁完液晶屏后，可用一块拧得较干的湿布再清洁一次。

第五步：在通风处让液晶屏上的水气自然风干。

清洁过程分析：清洁液晶屏最好选用专业的清洁剂和清洁工具，手法要轻柔，如果用水清洁，注意不要让水流入边框。

图 1-2-1　清洁液晶屏操作步骤示意图

**【知识仓库】**

> **知识储备**
> 1. 液晶面板概述
> 2. 液晶屏特性

### 1. 液晶面板概述

1) 结构

液晶面板的核心结构类似于一块"三明治"，两块玻璃基板中间充斥着运动着的液晶分子，生产厂家把 TFT 液晶显示屏、连接件、屏驱动电路 PCB 电路板、背光单元等元器件用钢板封闭起来，只留有背光灯插头和驱动电路输入插座。

2) 工作原理

由于液晶本身不能发光，液晶显示器采用背光(backlight)原理，使用灯管作为背光光源，照亮液晶屏，并利用柱状液晶分子在不同方向上的不同透光特性来控制光线的投射。驱动电路为控制像素的电极提供电压、频率、时序等信号，从而控制画面的显示效果。

**2. 液晶屏特性**

信号电压直接控制薄膜晶体的开关状态，再利用晶体管控制液晶分子。液晶分子具有明显的光学各向异性，能够调制来自背光灯管发射的光线，实现图像的显示，如图1-2-2所示。

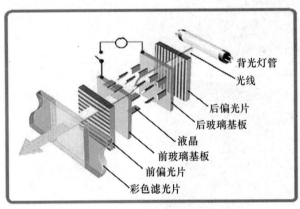

图1-2-2 液晶屏透光原理示意图

1) 液晶屏的组成

TFT-LCD(薄膜晶体管驱动)液晶屏主要由反射板、导光板、漫射板、偏光片、玻璃基板、配向膜、液晶和滤光片等构成，如图1-2-3所示。

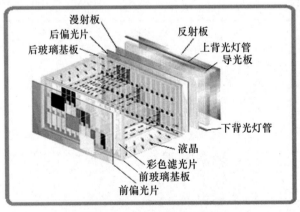

图1-2-3 液晶屏组成示意图

2) 各部分用途

(1) 反射板：将液晶屏底面露出的光反射回导光板中，用来提高光的使用效率。

(2) 导光板(又称匀光板和反光膜)：将线光源或者点光源转化为垂直于显示平面的面光源。

(3) 漫射板：使光线更均匀地透射。

(4) 偏光片：使通过偏光膜二向色性介质光线产生偏振性，由塑料膜材料制成。

(5) 玻璃基板：是一种表面极其平整的薄玻璃片，表面蒸镀一层透明导电层，经光刻加工制成透明导电图形。

(6) 配向膜：涂在玻璃基板内层，可控制液晶分子依照特定的方向与预设的角度旋转。

(7) 液晶：液晶是一种介于固体和液体之间的有机化合物，液晶分子有规则地排列。制造液晶显示器的是细柱型液晶。液晶的重要特性就是在不同方向上的透光能力不同。

(8) 彩色滤光片：每一个像素都是由三个液晶单元格构成的。其中每一个单元格前面都分别有红色、绿色、蓝色的三色过滤器，形成光源的组合，在屏幕上显示出不同的颜色，如图1-2-4～图1-2-6所示。

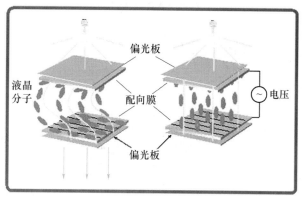

图1-2-4　液晶屏显示原理示意图(一)

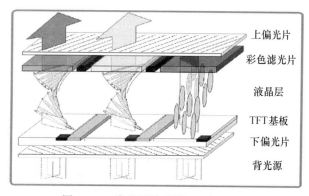

图1-2-5　液晶屏显示原理示意图(二)

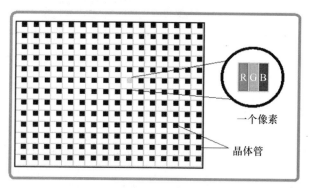

图1-2-6　液晶屏显示原理示意图(三)

3) 液晶屏显示条件

(1) 供电电压。

① 一般为 3.3V、5V、12V。

② 笔记本屏也称薄屏，电压一般为 3.3V。

③ 15～19in 中厚屏所用电压一般为 5V。

④ 部分 LG19in 以上屏所用电压为 12V(所有特殊的屏电压参考其规格书)。

(2) 屏电路板电压。

① 18～26V 的高压(英文标称 VGH 为高压)。

② 9～13V 的标准电压，提供 X 轴 TAB 工作电压。

③ 5V 及 3.3V。

④ −5～7V(英文标称 VGL 为负压)。

【任务考核】

考核评价表

| 序号 | 考核项目 | 考核标准 | 分值 | 自我评价 | 小组评价 | 教师评价 |
|---|---|---|---|---|---|---|
| 1 | 熟知液晶屏的常用清洁用品及工具 | 能正确识别清洁用品及工具 | 10 | | | |
| | | 能正确表述清洁用品及工具名称 | 15 | | | |
| 2 | 液晶屏的清洁 | 清洁手法正确 | 10 | | | |
| | | 液晶屏无损伤 | 15 | | | |
| | | 液晶屏清洁干净 | 15 | | | |
| | | 整机清洁干净 | 15 | | | |
| 3 | 安全操作 | 断电操作 | 5 | | | |
| | | 无人身伤害 | 5 | | | |
| 4 | 整理工作台 | 整理工具设备 | 5 | | | |
| | | 桌椅摆放整齐 | 5 | | | |
| | 合计 | | 100 | | | |

拓展知识

**1．主流液晶显示器价值解读**

1) 液晶面板不同

显示器的核心部件之一就是液晶面板。液晶面板的好坏直接决定了显示器的画面品质。目前，液晶显示器采用的面板大体上可分为三类：TN 液晶面板、IPS 液晶面板和 VA 液晶面板。显微镜下的液晶分子如图 1-2-7 所示。

图 1-2-7  显微镜下的液晶分子

　　TN 液晶面板由于成本低廉、良品率高，被广泛用于显示器行业。目前，大部分显示器使用的都是 TN 类液晶面板。IPS 和 VA 类液晶面板俗称广视角面板，由于可视角度范围大、对比度和发色数高，这类液晶面板在早期主要应用于专业显示器中，如图 1-2-8 和图 1-2-9 所示。

图 1-2-8　VA 广视角面板——明基 VW2220H

图 1-2-9　IPS 广视角面板——戴尔 U2311H

随着显示器的普及，用户对显示器的显示效果提出了更高的要求。这一点从明基 VW2220H 和戴尔 U2311H 的热卖就可以看出。这两款显示器分别是市场上 VA 和 IPS 类广视角显示器的代表，1300 元左右的价格比 TN 显示器稍高，但显示效果却有极大的提升，是目前注重画面用户的首选。

2) 背光技术不同

液晶分子本身是不发光的。要让用户看到显示器上的图像，必须有背光源。现在主流的背光源分为 CCFL 冷阴极管和 LED 发光二极管，如图 1-2-10 所示。和 CCFL 背光相比，采用 LED 背光技术的显示器优势十分明显。

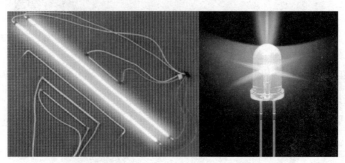

图 1-2-10　CCFL 冷阴极管和 LED 发光二极管

(1) CCFL 背光灯管的寿命一般为 1.5 万～2 万 h。采用 CCFL 作为背光灯管的显示器使用 2～3 年后屏幕会发黄或偏色，亮度下降明显。然而，LED 背光灯管寿命可达 5 万～10 万 h。

(2) 色彩表现上的不足。采用 CCFL 背光灯管只能实现 NTSC 色彩区域的 70% 左右，即使是改进型的 CCFL 光源，也只能达到 90% 左右的 NTSC 色彩区域范围。然而，LED 背光灯管能实现超过 100% 的 NTSC 色彩区域，让液晶显示器的色彩表现提升一个层次。

(3) 即经常被厂商提到的能耗问题。由于 CCFL 背光源必须包含扩散板、反射板等复杂的光学器件，因此在功耗上高于 LED。直观地说就是 LED 更省电、更环保。

如图 1-2-11 所示为 LED 背光显示器。

图 1-2-11　LED 背光显示器

3) 接口不同

从市场销售的产品看，LED 背光显示器是大势所趋。虽然，其价格比以 CCFL 作为背光灯管的显示器高一点，但是换来的却是更好的画面和更长的使用寿命，LED 显示器

20

价格稍高也在情理之中。

　　除显示效果外，显示器背部的接口不同也是重要的差异点。现在，显示器最基本的接口是 VGA 和 DVI 接口。而且，价格相对高一些的显示器除了这两个接口外，还会有 HDMI、色差线、USB 及 3.5mm 音频接口。通过这些接口，可以让显示器连接数字机顶盒、DVD、视频游戏机等设备，从而让显示器发挥更多的功能。明基 EW2430V 涵盖所有全能接口，如图 1-2-12 所示。

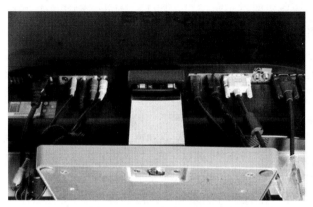

图 1-2-12　明基 EW2430V

　　以 HDMI 接口为例。目前，高清播放器、视频游戏机甚至是智能手机都采用这一接口。有了 HDMI 接口，用户可以把高清播放机或智能手机直接连接到显示器，实现画面输出。另外，喜欢看电视的朋友也可以通过色差线连接数字机顶盒，让显示器摇身变成电视机，从而最大程度发挥其使用价值。

　　4) 做工和工业设计

　　做工和用料也是同尺寸显示器价格不同的一个重要原因。低端显示器在外形设计上往往没有突出鲜明的特色，外观较为大众化。价格相对高一些的显示器则在工艺外观和产品用料上有自己的独到之处，如超薄机身、多种色彩的外观、家居设计风格、钢琴烤漆和金属材质等。

　　家居设计风格是现在显示器中非常流行的设计理念。现在的显示器作为办公和娱乐工具已经融入到了家居生活中。一款充满设计感的显示器不仅装点了自己的房间，也能凸显出用户的独特品味。

　　5) 特色功能

　　在常规功能外，某些显示器可能会提供一些附加功能，让用户在欣赏画面时获得更佳的感官体验。例如，显示器的画中画功能，让用户能够同时收看两种信号源提供的画面。一些显示器还会提供画面插值补偿技术和降噪功能，提高低分辨率网络视频的清晰度。加入逐行扫描功能的显示器在收看动态画面时优势明显，逐行扫描显示器可有效消除锯齿、补足细节，有效提升画质。

　　在互联网时代，用显示器在线观看视频早已不再新鲜。现在，许多显示器都提供对应网络视频的画面优化功能，通过显示器内置芯片对在线视频进行补偿。对于喜欢在线看电视剧的朋友，在选购显示器时可以多考虑此类功能。

显示器作为人机互动的窗口，随着应用范围的不断扩展，正逐渐成为互联网时代工作和娱乐的枢纽。现在，很多液晶显示器的价格已经到了 900 元左右，而硬件成本的降低往往是以牺牲产品品质或功能为代价的。在选择显示器的时候，应根据自身需求，选择比入门级产品价格稍高的型号。

从接触频率来讲，显示器是和用户互动最为频繁的电子设备。目前，同一尺寸的显示器差价为 200～300 元，而这个差价可能带来显示效果或扩展性能上质的飞跃。从使用寿命来讲，现在一款显示器至少可用三年以上。因此，购买一款画质更好、功能更丰富的显示器，能给用户带来更佳的视觉享受，同时也能更充分地发挥其使用价值。

**2．液晶显示器维护和保养常识**

(1) 选择专用的擦屏布和专用清洁剂。计算机市场里常见的最低端的液晶显示器清洁剂套装(清洁剂、毛刷、专业擦屏布)不超过五元，而大计算机厂商的套装则要 200 元左右。用清水或醋、软布等 DIY 方法也可使用。

(2) 清理要在电源、数据线物理分离 20min 后进行，平放显示器(避免液体因重力流入缝隙)，将擦屏布稍稍润湿后轻轻擦拭，擦试时应注意边界处。千万不要将清洁剂或水直接喷到屏幕上(避免流入缝隙)。当液体挥发干净后，稍后即可使用。

(3) 千万不要让任何带有水分的东西进入液晶显示器。如果发生屏幕"泛潮"的情况，可以将液晶显示器放到台灯下。将里面的水分逐渐蒸发掉，平时也要尽量避免在潮湿的环境中使用液晶显示器。

(4) 液晶显示器过长时间的连续使用，会使晶体老化或烧坏。损害一旦发生，就是永久性的、不可修复的。一般来说，不要使液晶显示器长时间处于开机状态(连续 72h 以上)。不用的时候应关掉显示器。

(5) 避免"硬碰伤"和不必要的振动，液晶显示器的屏幕十分脆弱，抗"撞击"的能力很小，许多晶体和灵敏的电器元件在遭受撞击时会被损坏。另外，不要对液晶显示器表面施加压力。

(6) 不要使用屏幕保护程序，一部正在显示图像的液晶显示器，其液晶分子一直处在开关的工作状态。另一部响应时间达到 20ms 的液晶显示器工作 1s，液晶分子就会开关几百次。因此，如果计算机停止操作时不关闭显示器，无疑会使液晶分子依旧处在反复的开关状态。

# 学习单元二 检修电源板

**单元目标**

(1) 了解液晶显示器电源板的作用。

(2) 掌握液晶显示器电源板的电路组成及主要作用。

(3) 能够在电路板中找出电源板。

(4) 能够在电源板中找到主要的电路。

(5) 能够识读电源板上的主要元器件。

(6) 能完成电源板上场管及多脚芯片的焊接。

(7) 能完成电源板不开机故障的检修。

(8) 能完成电源板黑屏故障的检修。

**单元描述**

这个单元就是让同学们充分了解液晶显示器开关电源的组成及工作原理,从而掌握液晶显示器电源电路的故障维修。显示器故障的 70%都是电源电路的故障,占显示器维修量的绝大部分。

在这里要求同学们重点掌握"开机后电源指示灯不亮,屏幕没有图像和黑屏"的故障维修。通过学习这个故障的维修,掌握维修思路和维修方法,为学习维修其他故障做准备。

## 任务一 检修电源电路 SOL 仿真功能板

**【实训准备】**

工具准备:常用工具一套、恒温电烙铁一台、热风枪、数字万用表一块、数字示波器一台、直流稳压电源一台、中盈创信 SOL 智能检测平台。

设备准备：液晶显示器电源电路 SOL 仿真功能板、电源板。

具体任务：(1) 认识液晶显示器电源电路 SOL 仿真功能板。

(2) 完成液晶显示器电源电路 SOL 仿真功能板静态检修。

(3) 完成液晶显示器电源电路 SOL 仿真功能板动态检修。

【实训指导】

通过完成液晶显示器中盈创信电源电路 SOL 仿真功能板的检修任务，练习电源电路的分析与检测方法。

### 1. 认识中盈创信电源电路 SOL 仿真功能板

(1) 名称：开关电源板

(2) 型号：SOL-STM-MOPOWER

(3) 电路组成：输入及控制部分；DV 12V 输出部分；DV 5V 输出及反馈部分；检测平台接口部分。

(4) 各组成部分说明。外观接口如图 2-1-1 所示，实物如图 2-1-2 所示。

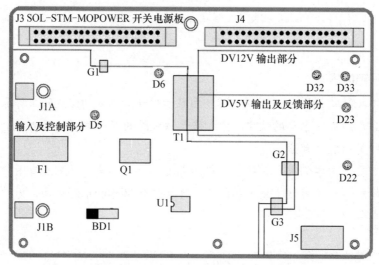

图 2-1-1　中盈创信电源电路 SOL 仿真功能板外观接口示意图

J1A：输入10V的直流电源正极接口。

J1B：输入10V的直流电源负极接口。

J3/J4：40引脚的排线接口(与检测平台上端40引脚排线接口相连，用于维修前及维修后检测，维修过程中无需连接)。

J5：直流电源输出接口。

图 2-1-2  中盈创信电源电路 SOL 仿真功能板实物图

D5：红色电源指示灯。

D6：黄色输入及控制部分故障指示灯。

D22：红色DV 12V电源输出指示灯。

D23：黄色DV 12V输出部分故障指示灯。

D32：红色DV 5V电源输出指示灯。

D33：黄色DV 5V输出部分故障指示灯。

G1/G2/G3：光电耦合器。

F1：保险管。

BD1：整流桥。

Q1：开关管。

U1：电压控制芯片。

T1：直流变压器。

(5) 功能板指示灯状态说明。

① 未连接直流电源，相当于计算机关机状态。

② 接上10V直流电源，D5红色指示灯亮，相当于计算机通电的状态。

(6) 电源功能板工作流程

① 说明：液晶显示器在实际使用中，电源输入为 220V 市电，为学生安全考虑，电源模拟功能板输入 24V 直流电。

② 工作信号流程：直流 24V 电压经 J1A 和 J1B 输入，经保险管 F1 送至整流桥 BD1，经整流桥 BD1 后输出两路电压，一路送至直流变压器 T1 的 1 脚，另一路经电阻 R1 送至 U1 第 7 脚为芯片提供启动电压，U1 开始工作。 R5 和 C5 决定 UC3842 的振荡频率，芯片第 6 脚输出(占空比可调)波形，经 R17 控制 Q1 第 1 脚，从而控制 Q1 的导通和截止。 T1 的第 5 脚输入电压经 D1 整流送至 UC3842 的第 7 脚为 U1 提供正常工作电压。 T1 的第 10 脚经 D31 整流输出 12V 直流电压，T1 的第 8 脚经过 D21 整流输出 5V 直流电压。

R21 与 R22 之和与 R23 之比决定 D21 输出电压是否为直流 5V。光耦 EL817 做为隔离反馈，反馈信号送至 U1 第 2 脚(电压反馈)。Q1 第 3 脚经 R29 接地将电流反馈信号送至 U1 第 3 脚(电流反馈)。

(7) 电源功能板电路原理图，如图 2-1-3 所示。

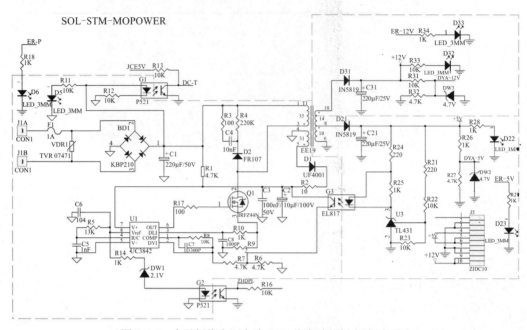

图 2-1-3　中盈创信电源电路 SOL 仿真功能板电路原理图

## 2. 中盈创信电源电路 SOL 仿真功能板静态检修

测量说明：仿真功能板的静态测量指在不通电的情况下，用万用表的蜂鸣挡测量元器件(行业规范将此测量称为打阻值)。此方法可用来判断元器件好坏或电路是否正常。

操作步骤如图 2-1-4 所示。

| 测量图示 | 测量项目及说明 |
| --- | --- |
| 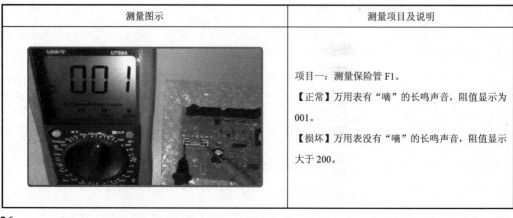 | 项目一：测量保险管 F1。<br><br>【正常】万用表有"嘀"的长鸣声音，阻值显示为 001。<br><br>【损坏】万用表没有"嘀"的长鸣声音，阻值显示大于 200。 |

| 测量图示 | 测量项目及说明 |
|---|---|
|  | 项目二：测量整流桥 DB1。<br>【正常】万用表阻值显示为 300～800。<br>【损坏】万用表有"嘀"的长鸣声音，阻值显示为001。 |
|  | 项目三：测量场效应管 Q1。<br>【正常】万用表阻值显示为 300～800。<br>【损坏】万用表有"嘀"的长鸣声音，阻值显示为001。 |
|  | 项目四：测量输出接口的 12V 电压。<br>【正常】万用表阻值显示大于 1000。<br>【损坏】万用表有"嘀"的长鸣声音，阻值显示为001。 |
|  | 项目五：测量输出接口的 5V 电压。<br>【正常】万用表阻值显示大于 1000。<br>【损坏】万用表有"嘀"的长鸣声音，阻值显示为001。 |

测量结果分析：通过"打阻值"，如果测量结果出现非正常的情况，则说明该元器件损坏，需要更换。

提示：在万用表静态测试中，红表笔和黑表笔的使用非常关键，使用不得当会影响工程师判断的准确性。

图 2-1-4　中盈创信电源电路 SOL 仿真电源板静态检修示意图

### 3. 中盈创信电源电路 SOL 仿真功能板动态检修

测量说明：仿真功能板的动态测量指在通电的情况下，用万用表的直流电压挡测量电路板上的电压值。正常情况下，通电后功能板上指示灯会发亮，表明工作正常。

操作步骤如图 2-1-5 所示。

| 测量图示 | 测量项目及说明 |
|---|---|
|  | 项目一：测量电源板输入电压<br>【正常】输入电压是 DC 20V，万用表显示 20.8V。<br>【损坏】输入电压大于 20V 的情况容易烧毁功能板；小于 20V 时导致功能板无法正常工作。 |
| 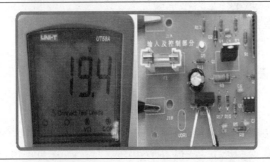 | 项目二：测量整流桥 DB1 输出电压<br>【正常】输出电压是 DC 19V，万用表显示 19.4V。<br>【损坏】输出电压大于 20V 的情况容易烧毁整流桥；小于 20V 时导致整流桥无法正常工作。 |
|  | 项目三：测量 U1 芯片 7 脚的工作电压<br>【正常】工作电压是 DC 19V，万用表显示 19.4V。<br>【损坏】工作电压大于 19V 的情况容易烧毁 U1 芯片；小于 19V 时导致 U1 芯片无法正常工作。 |
|  | 项目四：测量输出接口 12V 电压<br>【正常】输出电压是 DC 12V。<br>【损坏】输出电压不等于 12V 时功能板前级电路工作不正常。 |

| 测量图示 | 测量项目及说明 |
|---|---|
|  | 项目五：测量输出接口 5V 电压。<br><br>【正常】输出电压是 DC 5V。<br><br>【损坏】输出电压不等于 5V 时功能板前级电路工作不正常。 |

测量结果分析：使用万用表的电压挡测试仿真功能板，工作电压与正常值偏差过大时即为出现故障，需要更换相应的元器件进行维修。

提示：测量时一定要选合适的挡位，否则数据也会偏差很大，影响判断。不能将红表笔和黑表笔错误使用，否则测量的数据会影响工程师的判断。

图 2-1-5　中盈创信电源电路 SOL 仿真电源板动态检修示意图

**【知识仓库】**

知识储备<br>1. 液晶显示器开关电源的作用<br>2. PWM 开关电源的电路组成<br>3. SG6841 结构电源工作原理<br>4. 开关电源电路的故障特点

### 1. 液晶显示器开关电源的作用

（1）电路作用及框图：将市电的 220V 交流电压转变成 12V 或其他低压直流电，以向液晶显示器供电，如图 2-1-6 所示。

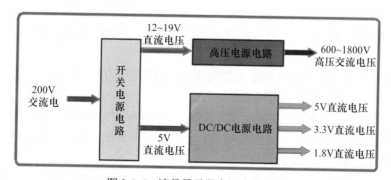

图 2-1-6　液晶显示器电源电路框图

(2) 开关电源的优点：体积小、质量轻、变换效率高。

(3) 常用开关电源类型：PWM 型，即脉宽调制型。它的特点是固定开关频率，通过改变脉冲宽度的占空比来调节电压。

(4) PWM 稳压控制电路常用的芯片型号：UC3842、SG6841、L5991、LD7575 和DM0565R 等。

**2．PWM 开关电源的电路组成**

1) SG6841 结构开关电源组成框图

开关电源电路主要由交流滤波电路、桥式整流滤波电路、开关变压器、整流滤波电路、软启动电路、稳压控制电路(PWM 控制器)、主开关电路、电源反馈电路和过压保护电路等组成，如图 2-1-7 所示。

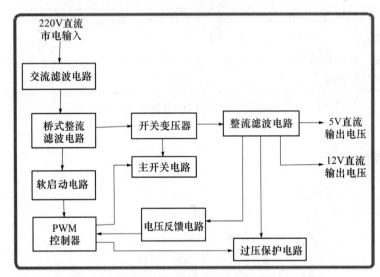

图 2-1-7　液晶显示器 PWM 开关电源电路组成框图

2) SG6841 结构开关电源各部分的主要作用

(1) 交流滤波电路：消除市电中的高频干扰(线性滤波电路一般由电阻、电容和电感组成)。

(2) 桥式整流滤波电路：将 220V 交流电变成 310V 左右的直流电。

(3) 开关电路：将 310V 左右的直流电通过开关管和开关变压器后，变成不同幅度的脉冲电压。

(4) 整流滤波电路：将开关变压器输出的脉冲电压经过整流和滤波后变成负载需要的基本电压 5V 和 12V。

(5) 软启动电路：防止输入电路接通电源瞬间电容器上的瞬时冲击电流过大，烧断输入保险丝，保证开关电源正常而可靠地运行。

(6) 过压保护电路：尽量避免因负载异常或其他原因导致的开关管损坏或开关电源损坏。

(7) PWM 控制器：控制开关管的切换，根据保护电路的反馈电压控制电路。

**3．SG6841 结构电源工作原理**

下面以 AOC LM 729 液晶显示器为例讲解液晶显示器电源电路的工作原理。AOC

LM 729 液晶显示器的电源电路主要由交流滤波电路、桥式整流电路、软启动电路、主开关电路、整流滤波电路、过压保护电路等组成，如图 2-1-8 所示。

图 2-1-8 AOC LM 729 液晶显示器的电源板实物图

1) 交流滤波电路(图 2-1-9)

(1) 电路说明。

① 电感 L901、L902，电容 C904、C903、C902、C901 组成了 EMI 滤波器。

② 电感 L901、L902 用于滤除低频共态噪声。

③ C901 和 C902 用于滤除低频正态噪声。

④ C903 和 C904 用于滤除高频共态和正态噪声(高频电磁干扰)。

⑤ 限流电阻 R901、R902 用于在拔下电源插头时对电容放电。

⑥ 保险 F901 用于过流保护。

⑦ 压敏电阻 NR901 用于输入电压过压保护。

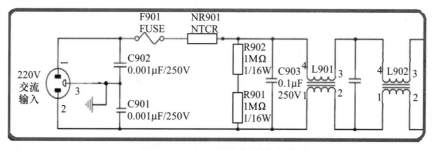

图 2-1-9 交流滤波电路原理图

(2) 工作过程。当液晶显示器的电源插头插入电源插座后，220V 交流电经过保险管 F901、压敏电阻 NR901 防浪涌冲击后，通过由电容 C901、C902、C903、C904，电阻 R901、R902，电感 L901、L902 组成的抗干扰电路后进入桥式整流电路。

2) 桥式整流滤波电路(图 2-1-10)

(1) 电路说明。

① DB901：桥式整流器，由 4 个整流二极管组成。

② C905：滤波电容为 400V 电容。

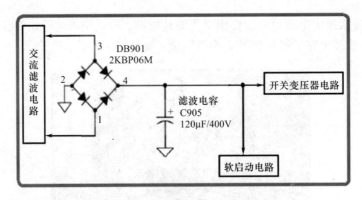

图 2-1-10　桥式整流滤波电路原理图

(2) 工作过程。220V 交流市电经过滤波后进入桥式整流器,桥式整流器对交流市电进行全波整流,变为直流电压;接着,此直流电压再经过滤波电容 C905 将电压转换为 310V 的直流电压。

3) 软启动电路(图 2-1-11)

(1) 电路说明。

① R906、R907:启动电阻,为 1MΩ 的等效电阻,其工作电流很小。

② SG6841:稳压控制器芯片。

③ D902:整流二极管。

④ C907:滤波电容。

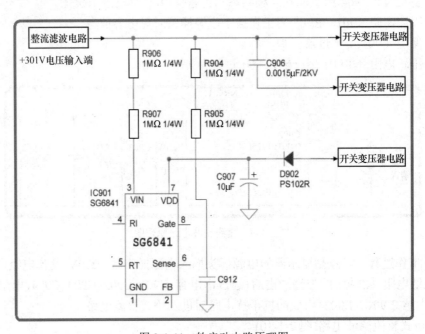

图 2-1-11　软启动电路原理图

(2) 工作过程。开关电源刚启动时,+300V 直流高压经过电阻 R906 和 R907 降压后加至 SG6841 的输入端(第 3 脚)实现软启动。开关电源转入正常的工作状态后,开关变压器上所建立的高频电压经整流二极管 D902、滤波电容 C907 整流滤波后，作为 SG6841 芯片的工作电压，至此启动过程结束。

4) 开关电路

(1) 电路组成。开关电路主要由开关管、PWM 控制器、开关变压器、过流保护电路、高压保护电路等组成，其原理图如图 2-1-12 所示。

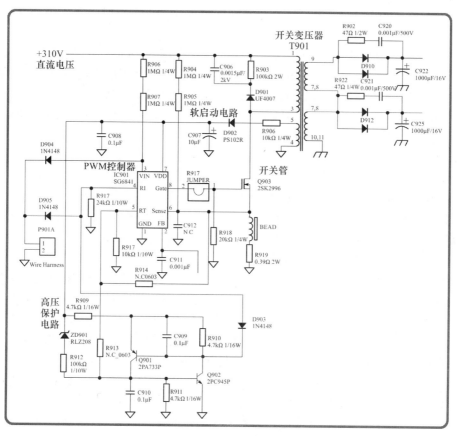

图 2-1-12　开关电路原理图

(2) 电路说明。

① SG6841：PWM 控制器是开关电源的核心。它能产生频率固定而脉冲宽度可调的驱动信号，控制开关管的通断状态，从而调节输出电压的高低，达到稳压的目的，如表 2-1-1 所列。

表 2-1-1　SG6841 芯片各引脚的功能表

| 引脚 | 名称 | 功能 | 引脚 | 名称 | 功能 |
|---|---|---|---|---|---|
| 1 | GND | 接地端 | 5 | RT | 温度保护端 |
| 2 | FB | 电压反馈输入端 | 6 | Sense | 电流检测脚 |
| 3 | VIN | 启动电流输入端 | 7 | VDD | 供电端 |
| 4 | RI | 参考设置端 | 8 | Gate | PWM 驱动输出端 |

② Q903：开关管。

③ T901：开关变压器。

④ ZD901、R911、Q901、Q902 和 R901：组成过压保护电路。

(3) 工作过程。当 PWM 开始工作后，SG6841 的第 8 脚输出一个矩形脉冲波(一般输出脉冲的频率为 58.5kHz，占空比为 11.4%)。 该脉冲控制开关管 Q903 按其工作频率进行开关动作。在开关管 Q903 不断地导通/截止形成自激振荡时，变压器 T901 开始工作，产生振荡电压。

当 SG6841 的第 8 脚输出端为高电平时，开关管 Q903 导通，接着开关变压器 T901 的初级线圈有电流流过，产生上正下负的电压。同时，变压器的次级产生下正上负的感应电动势。这时次级上的二极管 D910 截止，此阶段为储能阶段。

当 SG6841 的第 8 脚输出端为低电平时，开关管 Q903 截止，开关变压器 T901 初级线圈上的电流在瞬间变为 0，初级的电动势为下正上负，在次级线圈上感应出上正下负的电动势。此时二极管 D910 导通，开始输出电压。

(4) 过流保护电路工作原理。在开关管 Q903 导通后，电流会从开关管 Q903 的漏极流向源极，在 R917 上产生电压。R917 为电流检测电阻，由它产生的电压直接加到 PWM 控制器 SG6841 芯片的过流检测比较器的同相输入端(即第 6 脚)。只要该电压超过 1V，就能启动 PWM 控制器 SG6841 内部的电流保护电路，使第 8 脚停止输出脉冲波，开关管及开关变压器停止工作，实现过流保护。

(5) 高压保护电路工作原理。当电网电压升高超过最大值时，变压器反馈线圈输出的电压也将升高。该电压将会超过 20V，此时稳压管 ZD901 被击穿，电阻 R911 上产生压降。当这个压降达 0.6V 时，三极管 Q902 导通，接着三极管 Q901 的基极变为高电平，使三极管 Q901 也导通。同时，二极管 D903 也导通，致使 PWM 控制器 SG6841 芯片第 4 脚接地，产生瞬间短路电流，使 PWM 控制器 SG6841 迅速关断脉冲输出。

另外，三极管 Q902 导通后，使 PWM 控制器 SG6841 第 7 脚的 15V 基准电压通过电阻 R909、三极管 Q901 直接接地。这样 PWM 控制器 SG6841 芯片的供电端电压变为 0，PWM 控制器停止输出脉冲波，开关管及开关变压器停止工作，达到高压保护作用。

5) 整流滤波电路

(1) 电路组成。整流滤波电路主要由二极管、滤波电阻、滤波电容、滤波电感等组成，其原理图如图 2-1-13 所示。

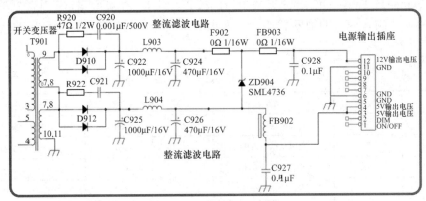

图 2-1-13　整流滤波电路原理图

(2) 电路说明。

① R920、C920 和 R922 、C92：吸收二极管 D910 和 D912 上产生的浪涌电压。

② C922、L903 和 C924：构成 LC 滤波器，可以过滤变压器输出 12V 电压的电磁干扰，输出稳定的 12V 电压。

③ C925、L904 和 C926：构成 LC 滤波器，可以过滤变压器输出 5V 电压的电磁干扰，输出稳定的 5V 电压。

(3) 工作过程。开关变压器的漏感和输出二极管的反向恢复电流造成输出电压形成的尖峰波，造成潜在的电磁干扰。经过整流滤波处理，可以滤掉输出电压的尖峰波，消除电磁干扰，得到纯净的 5V 和 12V 电压。

6) 12V/5V 稳压控制电路

(1) 电路组成。12V/5V 稳压电路主要由精密稳压器(TL431) 、光耦合器、PWM 控制器、分压电阻等组成，其原理图如图 2-1-14 所示。

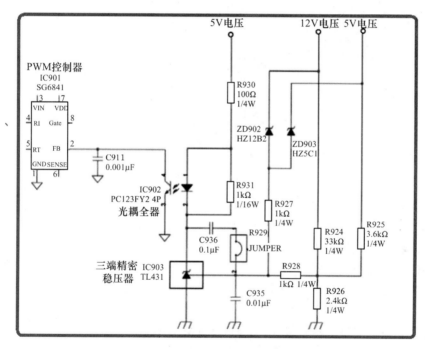

图 2-1-14　稳压电路原理图

(2) 电路说明。

① IC902：光电耦合器。

② IC903：精密稳压器。

③ R924/R926：分压电阻。

(3) 工作过程。当 220V 交流市电电压升高导致输出电压随之升高时，流过光耦合器 IC902 的电流随之增大，光耦合器内部发光二极管的亮度也随之增强，光耦合器内部的光敏三极管的内阻同时变小，光敏三极管的导通程度也会加强。光敏三极管导通程度加强的同时，PWM 电源控制器 SG6841 芯片的第 2 脚的电压也会下降。该电压加到 SG6841 内部误差放大器的反相输入端，从而控制 SG6841 输出脉冲的占空比，降低输出电压。这样就构成了过压输出反馈回路，达到稳定输出的作用，使输出电压稳定在 12V 和 5V 输出左右。

7) 过压保护电路

(1) 电路组成。过压保护电路主要由 PWM 控制器、光耦合器、稳压管等组成，其原理图如图 2-1-15 所列。

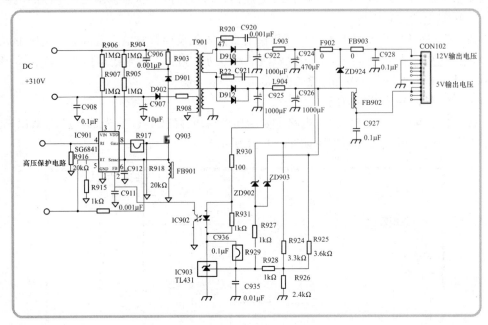

图 2-1-15    过压保护电路原理图

(2) 电路说明。

① ZD902 或 ZD903：稳压管，用来检测输出电压的异常。

② IC901：稳压控制器。

③ IC902：光电耦合器。

(3) 工作过程。当开关变压器次级输出的电压异常升高时，稳压管 ZD902 或 ZD903 将被击穿，从而导致光耦合器内部发光管的亮度异常加大，致使 PWM 控制器第 2 脚通过光耦合器内部的光敏三极管接地。此时，PWM 控制器迅速关断第 8 脚的脉冲输出，开关管和开关变压器立刻停止工作，达到保护电路的目的。

**4．开关电源电路的故障特点**

(1) 常见故障。包括电压无输出、电压过高、电压过低、电压不稳等。

(2) 故障现象及原因。

① 花屏。开关变压器的次级输出电容漏电，造成输出电压不足，电流小。

② 黑屏，开机无反应。电源电路无输出电压，检查电路中元器件是否脱焊、烧毁，接插件是否松动，熔断器、滤波电容、开关管、稳压器等是否损坏。

领会了开关电源的原理，就可以轻松维修液晶显示器的电源。液晶显示器的开关电源属于比较简单的类型，电路结构相对简单，元器件较少，维修也比较简单。

**【考核评价】**

考核评价表

| 序号 | 考核项目 | 考核标准 | 分值 | 自我评价 | 小组评价 | 教师评价 |
|---|---|---|---|---|---|---|
| 1 | 识别电源功能板 | 能正确表述组成结构及名称 | 5 | | | |
| | | 能正确说明指示灯作用 | 5 | | | |
| | | 能正确表述各主要部件名称 | 5 | | | |
| | | 能正确表述各接口作用 | 5 | | | |
| 2 | 识读电源电路图 | 能正确识读各元器件符号 | 5 | | | |
| | | 能正确表述信号流程 | 5 | | | |
| | | 能正确描述工作原理 | 5 | | | |
| 3 | 检测电源功能板 | 静态检测 | 15 | | | |
| | | 动态检测 | 15 | | | |
| 4 | 维修电源功能板 | 能独立完成三个故障维修 | 15 | | | |
| 5 | 安全操作 | 断电操作 | 5 | | | |
| | | 无人身伤害 | 5 | | | |
| 6 | 整理工作台 | 整理工具设备 | 5 | | | |
| | | 桌椅摆放整齐 | 5 | | | |
| | 合计 | | 100 | | | |

# 任务二　维修液晶显示器电源板故障

**【实训准备】**

工具准备：常用工具一套、恒温电烙铁一台、热风枪、数字万用表一块、数字示波器一台、直流稳压电源一台。

设备准备：液晶显示器电源板。

具体任务：(1) 完成液晶显示器不开机故障检修。

(2) 完成液晶显示器黑屏故障检修。

**【实训指导】**

液晶显示器电源电路的常见故障主要有无输出电源、输出电源低等，这些情况会造成液晶显示器"不开机"和"黑屏"现象，通过实战可掌握电源板的维修方法。

### 1. 检修液晶显示器不开机故障

**1) 故障现象**

液晶显示器接通电源、按下开关后仍然黑屏，并且电源指示灯不亮。

接通电源显示器
电源指示灯不亮

 怎么办?

**2) 检修方法**

> 故障分析：这通常是开关电源电路没有输出电压造成的。
>
> 重点检查部件：熔断器、300V 滤波电容、开关管和稳压器。
>
> 维修思路：按信号流程逐步进行测量，根据测量数据判断故障部位。
>
> 以型号为 DELL1910H 的液晶显示器电源板的维修为例，操作步骤如图 2-2-1 所示。

| 测量方法图示 | 测量项目及说明 |
|---|---|
|  | 项目一：测量保险是否有开路的现象。<br><br>测试结果：万用表显示 000，蜂鸣器长鸣，说明保险是好的。 |
|  | 项目二：测量整流桥是否被击穿。<br><br>测试结果：分别测量整流桥的①④脚、①③脚之间的导通压降，万用表分别显示 511、581 整流桥属于正常值范围。 |
|  | 项目三：测量热敏电阻是否被击穿。<br><br>测试结果：万用表显示 010，蜂鸣器长鸣，热敏电阻没有被击穿。 |

| 测量方法图示 | 测量项目及说明 |
|---|---|
| 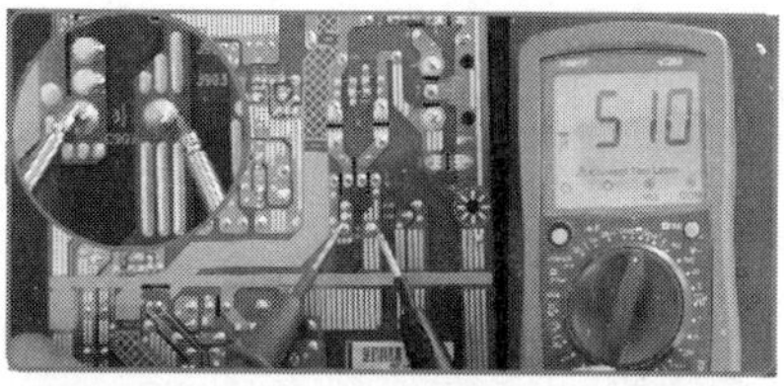 | 项目四：测量该电容两脚之间是否短路。<br>测试结果：万用表显示 510，滤波电容属于正常值范围。 |
|  | 项目五：测量整流桥的输出端是否有 300V 直流电压输出。<br>测量结果：万用表显示 318，说明整流桥是好的。 |
| 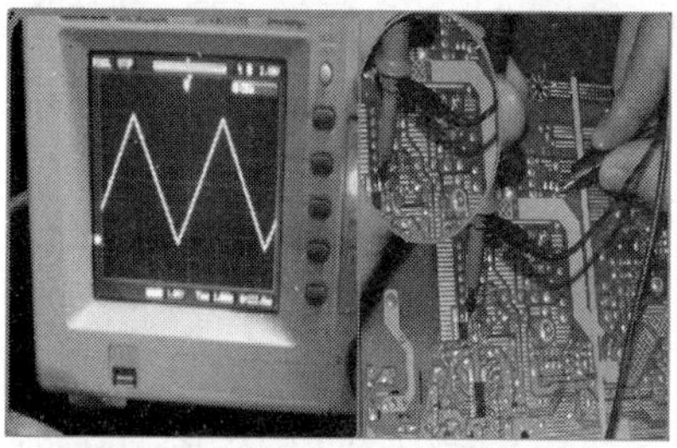 | 项目六：测量电源 IC 的第 4 脚是否有信号输出。<br>测量结果：示波器显示三角波输出，说明电源 IC 是好的。 |
| 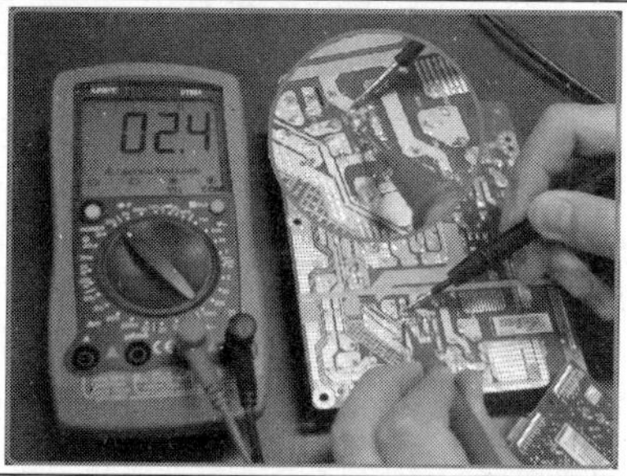 | 项目七：测量 T1 输出端的电阻值是否正常。<br>测量结果：万用表显示 2.4，T1 输出端内阻值正常，说明变压器输出端是好的。 |
|  | 项目八：测量稳压二极管是否被击穿。<br>测试结果：万用表显示 010，蜂鸣器长鸣，说明稳压二极管被击穿。 |

**测量结果分析：** 通过测量发现稳压二极管被击穿，需要进行维修。更换稳压二极管后，电源板 12V 主电压输出正常，液晶显示器恢复正常。

图 2-2-1 型号为 DELL1910H 的液晶显示器电源板维修方法示意图

## 2．检修液晶显示器黑屏故障

### 1）故障现象

液晶显示器接通电源、按下开关后，电源指示灯亮，但是液晶屏不亮(黑屏)。

电源灯亮
显示器黑屏

怎么办?

### 2）检修方法

故障分析：首先要确定是主板问题还是背光板的问题,可查看指示灯有无反应。如指示灯不亮，则要查看主板电源部分；如指示灯亮，则确定故障发生在电源板上。

重点检查部件：熔断器、300V 滤波电容、开关管和稳压器。

维修思路：按信号流程逐步进行测量，根据测量数据判断故障部位。

以型号为 DELL1910H 的液晶显示器电源板的维修为例，操作步骤如图 2-2-2 所示。

| 测量方法图示 | 测量项目及说明 |
| --- | --- |
|  | 项目一：测量保险是否有开路的现象。<br><br>测量结果：万用表显示 000，蜂鸣器长鸣，说明保险是好的。 |
|  | 项目二：测量整流桥是否被击穿。<br><br>三步完成整流桥元器件(不在此测量)：<br><br>分别测量整流桥的①④脚、①③脚和①②脚之间的导通压降，万用表分别显示 1040、566 和 563，整流桥属于正常值范围。 |

| 测量方法图示 | 测量项目及说明 |
|---|---|
|  | 两步完成整流电路测量(整流桥在路测量): 分别测量整流桥的①④脚、①③脚之间的导通压降,万用表分别显示511、581整流桥属于正常值范围。 |
|  | 项目三:测量热敏电阻是否被击穿。 测量结果:万用表显示010,蜂鸣器长鸣,热敏电阻正常。 |
|  | 项目四:测量滤波电容是否短路。 测量结果:万用表显示000,蜂鸣器长鸣,说明滤波电容损坏。 |
|  | 项目五:测量整流桥的输出端是否有300V直流电压输出。 测量结果:万用表显示318,说明整流桥是好的。 |
| 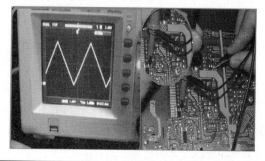 | 项目六:测量电源IC的第4脚是否有信号输出。 测量结果:示波器显示三角波输出,说明电源IC是好的。 |

| 测量方法图示 | 测量项目及说明 |
|---|---|
|  | 项目七：测量 T1 输出端的电阻值是否正常。<br>测量结果：万用表显示 2.4，T1 输出端内阻值正常，说明变压器输出端是好的。 |
|  | 项目八：测量稳压二极管是否被击穿。<br>测量结果：万用表显示 000，蜂鸣器长鸣，说明二极管击穿。 |

测量结果分析：直流高压滤波电容损坏，稳压二极管被击穿，所以没有 12V 主电压输出。

维修方法：更换稳压二极管、高压滤波电容，液晶显示器显示正常。

图 2-2-2　型号为 DELL1910H 的液晶显示器电源板黑屏故障维修方法示意图

【知识仓库】

**知识储备**
1．液晶显示器维修思路
2．液晶显示器维修注意事项

### 1．液晶显示器维修思路

液晶显示器维修思路如图 2-2-3 所示。

### 2．液晶显示器维修注意事项

(1) 加电时要小心，不应错接电源。打开液晶显示器后盖后，注意不要碰高压板的高压电路等，以免发生触电事故。

(2) 不可随意用大容量熔丝或其他导线代替保险管及保险电阻。保险管烧断，应查明原因再加电试验，以防止损坏其他元器件，扩大故障范围。

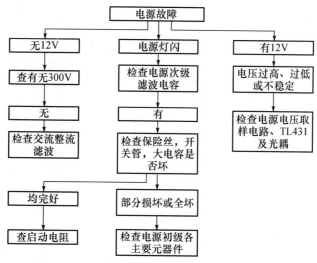

图 2-2-3　液晶显示器维修思路

(3) 维修时应按原布线焊接，线扎的位置不可移动。尤其是高压板部分信号线，应注意恢复原样。

(4) 更换元器件时，特别是更换电路图或印制板上有标注的一些重要元器件时，必须采用相同规格的产品，不可随意使用代用品。当电路发生短路时，对所有发热过甚而引起变色、变质的元器件应全部换掉。换件时，应断开电源。当更换电源上的元器件时，必须对滤波电容进行放电，以免电击。

(5) 更换元器件必须是同类型、同规格产品。不应随意加大规格，更不允许减小规格。如大功率晶体管不能用功率晶体管代替，高频快恢复二极管不能用普通二极管代替。对于功率管，也不能随意用大功率管代替。因为这样代替的结果是，该级的矛盾表面上暂时解决了，实际上并没有解决。例如，晶体管击穿，可能是该管质量不好，也可能是工作点发生了变化。若由于电解电容漏电严重而引起工作点变化，如果仅仅更换了晶体管(用大功率管代替功率管，而没有更换电容)，那么不但矛盾没有解决，甚至可能扩大故障面，甚至会引起前、后级工作不正常。

(6) 维修时应根据故障现象冷静思考，尽量逐渐缩小故障范围，切不可盲目乱焊、乱卸。

(7) 更换元器件、焊接电路，都必须在断电的情况下进行，以确保人机安全。

(8) 拆卸液晶面板时要特别小心，不能用力过猛，以免对液晶屏造成永久性的损害。

(9) 在维修过程中，若怀疑某个晶体管、电解电容或集成电路损坏时，需要从印制电路板上拆下测量其性能好坏。在重新安装或更换新件时，要特别注意晶体管、电解电容的极性。集成电路要注意所标位置及每个引脚是否安装正确，不要装反，以免对元器件造成新的故障。

(10) 若由于显示器使用太久，灰尘积累过多，维修时应首先用毛刷将灰尘扫松动，然后用除尘器吹掉。对吹不掉的部位，宜用酒精擦除，严禁用水、汽油或其他烈性溶液擦洗。

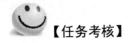【任务考核】

考核评价表

| 序号 | 考核项目 | 考核标准 | 分值 | 自我评价 | 小组评价 | 教师评价 |
|---|---|---|---|---|---|---|
| 1 | 识读电源板 | 能正确表述组成结构及名称 | 10 | | | |
| | | 能正确识读元器件 | 10 | | | |
| | | 能正确表述各主要部件名称及作用 | 10 | | | |
| | | 能正确表述信号流程 | 10 | | | |
| 2 | 检测电源板 | 静态检测 | 10 | | | |
| | | 动态检测 | 10 | | | |
| 3 | 维修电源板 | 能独立完成不开机和黑屏故障维修 | 20 | | | |
| 4 | 安全操作 | 断电操作 | 5 | | | |
| | | 无人身伤害 | 5 | | | |
| 5 | 整理工作台 | 整理工具设备 | 5 | | | |
| | | 桌椅摆放整齐 | 5 | | | |
| 合计 | | | 100 | | | |

拓展知识

**1. UC3842 型开关电源工作原理**

1) UC3842 的性能特点

(1) 它属于电流型单端 PWM 调制器，具有引脚数量少、外围电路简单、安装调试方便、性能优良、价格低廉等优点。通过高频变压器与电网隔离，适合构成无工频变压器的 20～50W 小功率开关电源。

(2) 最高开关频率为 500kHz，频率稳定度高达 0.2%。电源效率高，输出电流大，能直接驱动双极型功率晶体管或 VMOS 管、DMOS 管、TMOS 管工作。

(3) 内部有高稳定的基准电压源，档准值为 5V，允许有+0.1%的偏差，温度系数为 0.2mV/℃。

(4) 稳压性能好。其电压变化率可达 0.01%/V。启动电流小于 1mA，正常工作电流为 15mA。

(5) 除具有输入端过压何护与输出端过流保护电路之外，还设有欠压保护电路，使用工作更稳定、可靠。

(6) 可调整的振荡电路，可精确地控制占空比，并具有自动补偿功能。

(7) 带锁定的 PWM，可以进行逐个脉冲的电流限制。

UC3842 的内部框图如图 2-2-4 所示，其各引脚作用如表 2-1-2 所列。

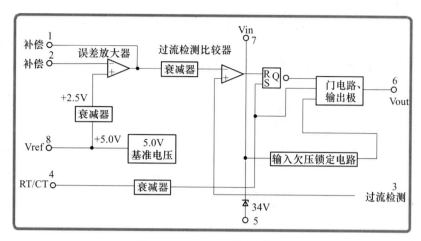

图 2-2-4　UC3842 的内部框图

表 2-1-2　UC3842 芯片各引脚的功能表

| 引脚 | 定义 | 引脚 | 定义 |
|------|------|------|------|
| Pin1 | 自动补偿 | Pin5 | 接地端 |
| Pin2 | 电压反馈输入端 | Pin6 | 脉冲输出端 |
| Pin3 | 过流检测端 | Pin7 | 直流输入端 |
| Pin4 | 振荡输入端 | Pin8 | 基准电压输出端 |

上述型号为 UC3842 的 IC 用于电源中的典型电路。这里采用的 N 沟道 MOS 功率管场效应管作为开关功率管，设计的输出电源 $V_{out}$ 为 12V。

该电路属于单端反激式变换器。所谓单端，是指高频变压器的磁芯仅工作在磁滞回线的一侧，并且只有一个输出端。所谓反激，是指 MOS 管开关功率管导通时，后级整流二极管截止，电能将储存在高频变压器的初级电感线圈中；当 MOS 管功率管关断时，后级整流二极管导通。初级线圈上的电能通过磁芯的耦合传输给次极绕组，并经过后级整流二极管输出。

该部分的主要作用是防止交流输入电压引入的干扰以及抑制电源内部产生反馈噪声。该滤波器被设计成是磁兼容(EMI)滤波器。开关电源是把 220V 交流电整流为 300V 直流电后，再经过开关变为高频交流，然后再整流为稳定的电源。这就会出现交流电源的整流波形畸变。产生的噪声和开关管的波形产生的噪声，在输入侧泄漏出去表现为传导噪声和辐射噪声，在输出侧泄漏到外部。若电源线中有噪声电流通过，电源线就相当于是向空中辐射噪声的天线。因此，在开关电源输入侧要加入由电容与电感构成的滤波器，用于抑制交流电源产生的干扰。

噪声分为共态噪声和正态噪声。单相电源的输入侧有两根交流电源线和一根地线。电源输入侧的两根交流电源本与地线之间产生的噪声为共态噪声，两根交流电源线之间产生的噪声为正态噪声。电源输入侧接入的滤波器必须滤除这两类噪声。

2) 交流滤波电路

如图 2-2-5 所示，该电路由 901 以及线路高通滤波电容 C902 和 C903 构成。其中，互感滤波线圈用于滤除低频共态噪声，C901 用于滤除低频正态噪声，C902 和 C903 用于滤除高频共态和正态噪声，R901、R902 在拔掉电源时对电容起放电作用。

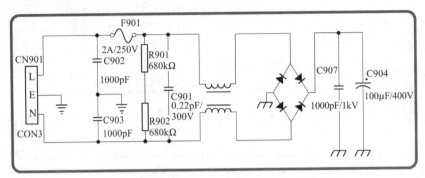

图 2-2-5　UC3842 型开关电源交流滤波电路原理图

3) 桥式整流及滤波

经过滤波的 220V 交流输入经桥式整流输出后，再经滤波电容 C904 滤波后生成约 300V 的直流电压。C907 可滤除高频磁干扰。

4) 软启动电路

软启动电路如图 2-2-6 所示。

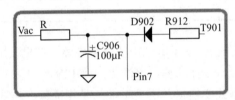

图 2-2-6　UC3842 型开关电源软启动电路原理图

图 2-2-6 中的电阻 R 为 R905、R906、R907、R908、R909、R910 的等效电阻。由于这些电阻的阻值很大，所以其工作电流很小。刚启动开关电源时，UC3842 所需要的 +16V 工作电压由 R、C906 电路提供。+300V 直流高压经过 R 降压后加至 UC3842 的输入端 $V_{in}$，利用 C906 的充电过程使 $V_{in}$ 逐渐升至 16V 以上，就实现了软启动。一旦开关功率管转入正常的工作状态，自馈线圈 N2 上所建立的高频电压经 D902、C906 整流滤波后就成为芯片的工作电压。此时 R、C906 电路的电流很小，不能为芯片提供工作电压。至此，启动过程结束。

5) 脉宽调制控制器 UC3842

UC3842 属于电流控制型脉宽调制器。所谓电流控制型是指，一方面把自馈线圈的输出电压 $V_{in}$ 反馈给误差放大器，在与基准电压进行比较之后，得到误差电压 $V_r$；另一方面初级线圈中的电流在取样电阻 R930 上建立电压，直接加到过流检测比较器的同相输入端，与 $V_r$ 作比较，进而控制输出脉冲的占空比，使流过开关功率管的最大峰值 $I_{pm}$ 电流总是受误差电压 $V_r$ 的控制，这就是电流控制型的原理。其优点是调整速度快，一旦 +300V 输入电压发生变化，会立即引起取样电压的变化，迅速调整输出脉冲的宽度。

46

UC3842 第 8 脚输出的+5V 的基准电压源有三个作用：一是供 4 脚振荡器使用；二是衰减成+2.5V，接误差放大器的同相输入端，作为基准信号；三是向内部的其他电路提供工作电源。

UC3842 的电源供电端与地之间并接了一个 34V 的齐纳二极管，以保证内部电路工作在 34V 以下，防止高输入电压带来的损坏。UC3842 的误差放大器同相输入端接在内部的+2.5V 基准电压上，反相输入端接收外部控制信号。在输出端和反相输入端之间可外接RC 补偿网络，在使用过程中可改变 RC 的取值来改变放大器的闭环增益和频率响应。

UC3842 还能自动限流，将 $I_{pm}$ 限制在 1.18A，把过流检测电阻上的电压直接加在过流检测比较器的同相输入端。只要该电压达到 1V，就会使比较器翻转，输出变成高电平，将 PWM 锁存器置零，使脉冲调制器处于关闭状态，从而实现过流保护。

由于噪声干扰的影响，开关功率管有可能因超负荷工作而损坏，为此芯片设有 PWM锁存器。其作用是保证在每个时钟周期内只输出一个脉宽调制信号，消除在过流检测比较器翻转时产生的噪声干扰。

输入欠压锁定电路的开启电压为 16V，关断电压为 10V。仅当 $V_{in}$>16V 时，UC3842才能启动。此时芯片工作电流约为 1mA，自馈电后变成 15mA。当输入欠压时，开关功率管迅速关断。

UC3842 的输出级为图腾柱式输出电路，输出晶体管的平均电流为 200mA，最大峰值电流可达±1A。

6) 高压保护回路

高压保护回路如图 2-2-7 所示。

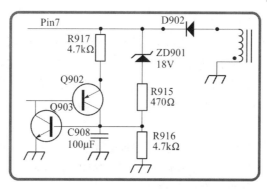

图 2-2-7 UC3842 型开关电源高压保护回路原理图

当电网电压升高超过最大值时，自馈线圈输出的电压也将升高。该电压将会超过18V，此时 ZD901 被击穿，R916 上就会产生压降，当这个压降有 0.6V 时将使 Q903 导通，拉低 Q902 的基极电位，使 Q902 也导通，这样 UC3842 Pin8 的 5V 基准电压通过 D904、Q903 直接接地，产生瞬间短路电流，使 UC3842 迅速关断脉冲输出。因此 Adapter 也就没有电压输出，从而达到高压保护作用。

7) 开关功率管及限流电路

如图 2-2-8 所示，UC3842 的 Pin6 脚输出一个脉冲波，该脉冲的频率为 58.5kHz，占空比为 11.4%。该脉冲控制功率管 Q901 的按其工作频率进行开关动作。这样变压器就开始工作，电流从 Q901 的漏极流向源极，在 R930 上产生电压。R930 为电流检测电阻，由它产生的电压直接加到 UC3842 的过流检测比较器的同相输入端。只要该电压超过 1V，就会使 UC3842 内部的电流保护电路启动，使 Pin6 关闭，实现过流保护。这就是限流电路的工作原理。

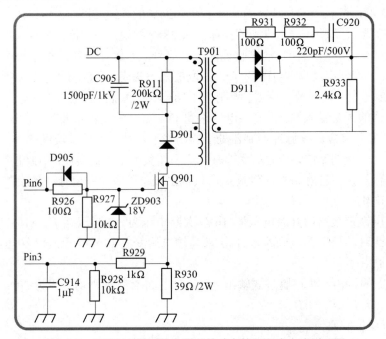

图 2-2-8　UC3842 型开关电源开关功率管及限流电路原理图

### 8. 直流变换回路(变压器 T901)

T901 开始工作后，高电平时 Q901 导通，T901 的初级线圈有电流流过，产生上正下负的电压，从而使次级产生下正上负的感应电动势。此时次级上的二极管 D911 截止，初级线圈上的电流瞬间为 0，初级的感应电动势为下正上负，从而使次级产生上正下负的感应电动势。此时 D911 导通，其输出电压经过整流滤波后即可输出供电。

图 2-2-9 为 Q901 漏级电压波形($f$=58.9kHz)，从中可以看出该电压波形有较大的浪涌电压和振铃现象，其浪涌电压的峰值超过 70V。MOS 管关断时，由于电路中没有包含 RC 吸收电路或二极管，因此产生了浪涌电压。

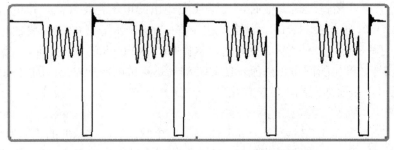

图 2-2-9　UC3842 型开关电源 Q901 漏级电压波形图

## 9. 电压取样和反馈回路

该电路的原理图如图 2-2-10 所示。

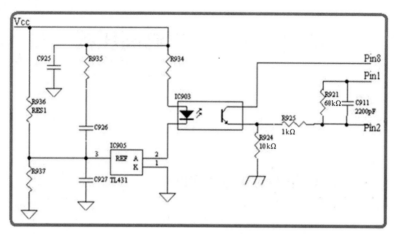

图 2-2-10 UC3842 型开关电源电流、电压取样和反馈回路原理图

电压、电流取样和反馈电路 12V 的直流电压经过 R936、R937 分压，在 R937 上产生电压。该电压直接加到 TL431 的 R 端，由电路上的电阻参数可知该电压正好能使 TL431 导通。这样就要电流流过发光二极管，光电耦合器 IC903 开始 工作，至此完成电压的取样。

# 学习单元三　检修高压板

单元描述

　　液晶屏发亮是被背光灯管照亮的，而点亮背光灯管需要高压。高压板(Interver)是液晶显示器内部的第二大主要电路。

　　在实际的维修实践中，人们很少维修高压板。当高压板出现故障时，一般直接更换整板，所以任务一主要是为了让同学们了解液晶显示器高压板电路的组成及其工作原理。通过对中盈创信高压电路 SOL 仿真功能板的测试，掌握液晶显示器高压板电路故障的分析与检测方法，从而掌握高压板损坏所造成的故障现象。

## 任务一　检修高压电路 SOL 仿真功能板

**【实训准备】**

工具准备：常用工具一套、恒温电烙铁一台、热风枪、数字万用表一块、数字示波器一台、直流稳压电源一台、中盈创信 SOL 智能检测平台。

设备准备：液晶显示器高压电路 SOL 仿真功能板、高压板。

具体任务：(1) 认识液晶显示器高压电路 SOL 仿真功能板。

(2) 完成液晶显示器高压电路 SOL 仿真功能板静态检修。

(3) 完成液晶显示器高压电路 SOL 仿真功能板动态检修。

**【实训指导】**

通过完成液晶显示器中盈创信电源电路 SOL 仿真功能板的检修任务，学习高压电路的分析与检测方法。

### 1. 认识中盈创信高压板电路 SOL 仿真功能板

(1) 名称：液晶高压板。

(2) 型号：SOL-FTM-MOHIPRE。

(3) 各部分组成及说明。其外观接口如图 3-1-1 所示，实物图如图 3-1-2 所示。

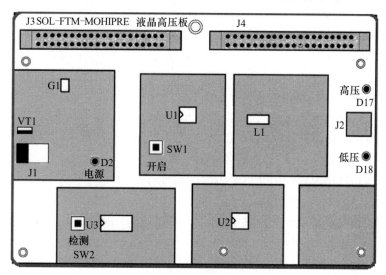

图 3-1-1　中盈创信高压板电路 SOL 仿真功能板外观接口示意图

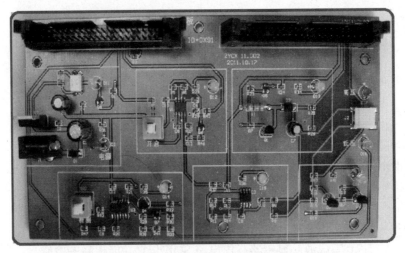

图 3-1-2　中盈创信高压电路 SOL 仿真功能板实物图

J1：输入10V的直流电源接口。

J2：背光灯管接口。

J3/J4：40引脚的排线接口(与检测平台上端40引脚排线接口相连，用于维修前及维修后检测，维修过程中无需连接)。

D2：红色电源指示灯。

D17：红色高压电源输出指示灯。

D18：绿色低压电源输出指示灯。

G1：光电耦合器。

VT1：L7805稳压器。

U1：N1555芯片。

U2：LM358比较器。

U3：CD4541芯片。

L1：色环电感。

SW1：开启按钮。

SW2：检测按钮。

(4) 功能板指示灯状态说明。

① 未连接直流电源，这相当于显示器的高压板没有工作的状态。

② 插上直流电源，按下SW1按钮，这相当于显示器高压板工作状态。

③ D17灯亮，输出高压；D18灯亮，输出低压。

④ 检测按钮作用为延长由高压变为低压的时间。

(5) 高压功能板的工作流程。

① 说明：液晶显示器在实际使用中，高压板启动时工作电压为交流 1500～1800V，持续几秒钟，促使荧光灯里面的气体发生化学反应，之后电压变为交流 600～800V 的正常工作电压。为安全考虑，高压模拟功能板的启动电压为直流 15～18V，持续几秒钟，正常工作电压为直流 5～8V。

② 工作信号流程：10V 电压经 D1 送至 VT1 的第 1 脚，由第 3 脚输出 5V 直流电压，

给功能板各模块提供工作电压。U1 得电工作，产生振荡，其频率由 R5、R6、C5 决定，振荡信号由 U1 第 3 脚输出至 Q1，控制 Q1 的导通和截止。当 Q1 导通时，电感 L1 中电流由小变大，储存磁能，当 Q1 截止时，电感 L1 中磁能转换为电能，经 D3 输出，产生直流电压 VDD。输出电压送 U2 进行比较，并反馈至 U1，从而控制 VDD 电压。U3 上电后，第 8 脚控制 Q4 基极导通，经过 R22 改变 U2 基准电压得到直流 15～18V 电压。经过几秒以后，U3 的第 8 脚控制 Q4 截止，降低 U2 的基准电压，从而稳定到工作电压，即直流 5～8V。

(6) 高压功能板电路原理图，电路原理图如图 3-1-3 所示。

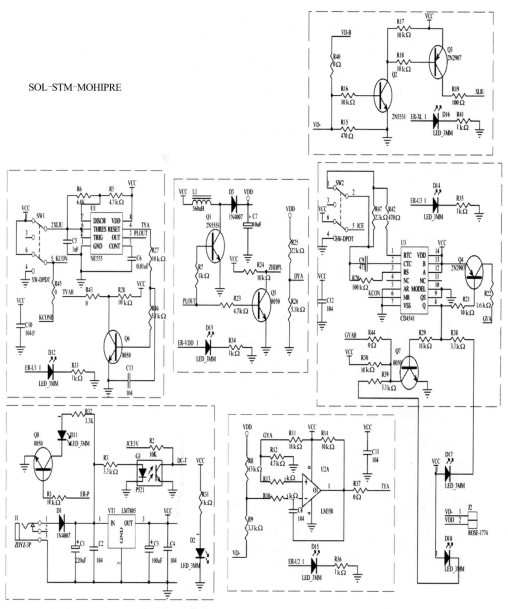

图 3-1-3　中盈创信高压板电路 SOL 仿真功能板电路原理图

53

## 2. 中盈创信高压板电路 SOL 仿真功能板静态检修

测量说明：仿真功能板的静态测量指在不通电的情况下，用万用表的蜂鸣挡测量元器件在路数值(行业规范将此测量称为打阻值)。此方法用来判断元器件好坏或电路是否正常。

操作步骤如图 3-1-4 所示。

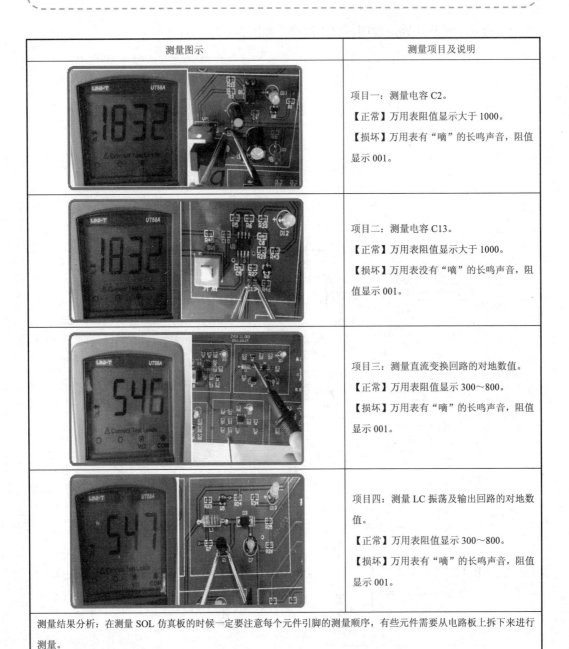

| 测量图示 | 测量项目及说明 |
| --- | --- |
| | 项目一：测量电容 C2。<br>【正常】万用表阻值显示大于 1000。<br>【损坏】万用表有"嘀"的长鸣声音，阻值显示 001。 |
| | 项目二：测量电容 C13。<br>【正常】万用表阻值显示大于 1000。<br>【损坏】万用表没有"嘀"的长鸣声音，阻值显示 001。 |
| | 项目三：测量直流变换回路的对地数值。<br>【正常】万用表阻值显示 300～800。<br>【损坏】万用表有"嘀"的长鸣声音，阻值显示 001。 |
| | 项目四：测量 LC 振荡及输出回路的对地数值。<br>【正常】万用表阻值显示 300～800。<br>【损坏】万用表有"嘀"的长鸣声音，阻值显示 001。 |
| 测量结果分析：在测量 SOL 仿真板的时候一定要注意每个元件引脚的测量顺序，有些元件需要从电路板上拆下来进行测量。 | |

图 3-1-4　中盈创信高压电路 SOL 仿真电源板静态测试示意图

### 3. 中盈创信高压电路 SOL 仿真功能板动态检修

测量说明：仿真功能板的动态测量指在通电的情况下，用万用表的直流电压挡测量电路板上的电压值。正常情况下，通电后功能板上指示灯会发亮，表明工作正常。

操作步骤如图 3-1-5 所示。

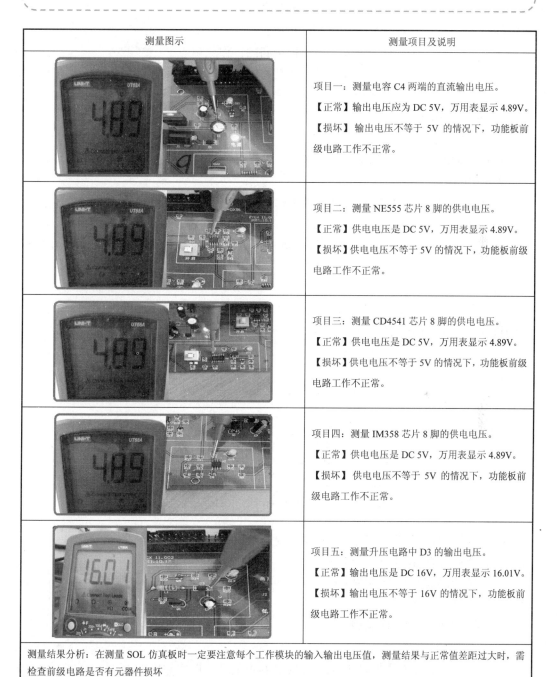

| 测量图示 | 测量项目及说明 |
|---|---|
| | 项目一：测量电容 C4 两端的直流输出电压。<br>【正常】输出电压应为 DC 5V，万用表显示 4.89V。<br>【损坏】输出电压不等于 5V 的情况下，功能板前级电路工作不正常。 |
| | 项目二：测量 NE555 芯片 8 脚的供电电压。<br>【正常】供电电压是 DC 5V，万用表显示 4.89V。<br>【损坏】供电电压不等于 5V 的情况下，功能板前级电路工作不正常。 |
| | 项目三：测量 CD4541 芯片 8 脚的供电电压。<br>【正常】供电电压是 DC 5V，万用表显示 4.89V。<br>【损坏】供电电压不等于 5V 的情况下，功能板前级电路工作不正常。 |
| | 项目四：测量 IM358 芯片 8 脚的供电电压。<br>【正常】供电电压是 DC 5V，万用表显示 4.89V。<br>【损坏】供电电压不等于 5V 的情况下，功能板前级电路工作不正常。 |
| | 项目五：测量升压电路中 D3 的输出电压。<br>【正常】输出电压是 DC 16V，万用表显示 16.01V。<br>【损坏】输出电压不等于 16V 的情况下，功能板前级电路工作不正常。 |

测量结果分析：在测量 SOL 仿真板时一定要注意每个工作模块的输入输出电压值，测量结果与正常值差距过大时，需检查前级电路是否有元器件损坏

图 3-1-5　中盈创信高压电路 SOL 仿真电源板动态测试示意图

 【知识仓库】

**知识储备**
1. 高压板概述
2. 高压板电路的工作原理
3. 高压板电路的故障特点

**1．高压板概述**

1) 高压板定义

高压板即逆变器，又称电压升压板。

2) 作用

其作用是为液晶面板的背光灯提供工作电压。

3) 工作电压和工作电流

正常工作的电压为 600～800V，而启动电压则高达 1500～1800V；工作电流则为 5～9mA。

4) 主要功能

(1) 能够产生 1500V 以上的高压交流电，并且在短时间内迅速降至 800V 左右，这段时间持续 1～2s，电压的曲线如图 3-1-6 所示。

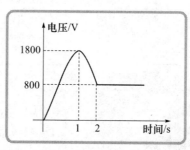

图 3-1-6　高压板输出电压变化波形

(2) 需要有过流保护功能。由于高压板提供电流的大小将影响冷阴极荧光灯管的使用寿命，因此输出的电流应小于 9mA。

(3) 要有控制功能，即在显示暗画面的时候，灯管不亮，该控制信号可以由主板上的 MCU 或图形处理器提供。

**2．高压板电路的工作原理**

1) 电路组成

高压板电路主要由开关启动电路、PWM 控制芯片、直流变换电路、功率放大及输出电路、亮度调节电路、过压保护电路、过流保护电路等组成，如图 3-1-7 所示。

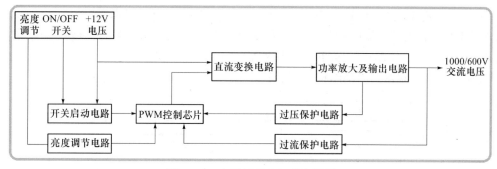

图 3-1-7　高压板电路组成方框图

2) 各部分电路的工作原理

(1) 输入接口部分。高压板输入部分有 3 个信号，分别为 12V 直流输入 Vin、工作使能电压 ON/OFF 及液晶面板的亮度调节信号。

① 12V 直流电压，由电源提供。

② ON/OFF 电压，由主板上的 GM2115 提供，其值为 0V 或 3V，OFF 时为 0V，高压板不工作；ON 时为 3V，高压板正常工作。

③ 亮度调节电压，由主板提供，其变化范围为 0～5V，将不同的电压值反馈给 PWM 控制器反馈端，高压板向负载提供的电流也将不同。DIM 值越小，高压板输出的电流就越小，亮度就越暗。

(2) 电压启动回路。电压启动回路由一个 PNP 和一个 NPN 管组成，它有两个工作阶段：

第一阶段，当 ENB 电压为低电平(0V)时，Q201 管处于截止状态。因此，Q202 管也截止，此时 Q202 管 C 集上的直流电压不能加到 U201(BA9741)的 Pin2 输入端。所以 U201 因无输入而不工作，Pin1 就无输出脉冲。因此，整个高压板就不工作。

第二阶段，ENB 为高电平，此时 Q201 管饱和导通，Q202 管 B 极被拉低。因为，Q202 为 PNP 管，且其 C 集上加有 12V 的直流电压，故 Q2 导通。12V 电压加至 IC 供电脚 Pin2，启动 IC 工作，U201 就有脉冲输出去控制开关管工作。整个高压板处于正常工作状态，输出高压去点亮液晶面板的背光灯灯管，如图 3-1-8 所示。

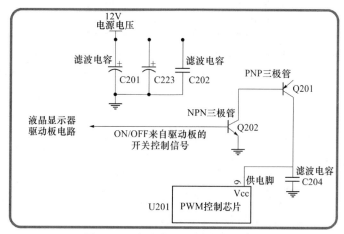

图 3-1-8　电压启动回路电路原理图

(3) PWM( BA9741F 型)控制器。BA9741F 与 TL1451 是双通道输出的 PWM 驱动调整，其 IC 工作电压范围为 3.6～35V。其 DC-DC 转换器具有以下特点：精确度的内部参考电压(2.5)输出、短路保护(SCP)、欠压保护、死区(过压)保护。

BA9741F 控制器的内部结构如图 3-1-9 所示，外部引脚定义如表 3-1-1 所列。

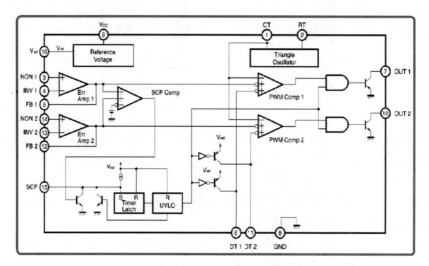

图 3-1-9　BA9741F 内部结构图

表 3-1-1　BA9741F 的外部引脚定义

| Pin | 简称 | 功能 | Pin | 简称 | 功能 |
|---|---|---|---|---|---|
| 1 | CT | 外接振荡电容 | 9 | VCC | 电源供电端 |
| 2 | RT | 外接振荡电阻 | 10 | OUT2 | 脉冲电压输出端 |
| 3 | NON1 | 同相输入放大器 | 11 | DT2 | 死区(过压)保护端 |
| 4 | INV1 | 反相输入放大器 | 12 | FB2 | 内部误差放大器输出端 |
| 5 | FB1 | 内部误差放大器输出端 | 13 | INV2 | 同相输入放大器 |
| 6 | DT1 | 死区(过压)保护端 | 14 | NON2 | 反相输入放大器 |
| 7 | OUT1 | 脉冲电压输出端 | 15 | SCP | 过流(短路)保护端 |
| 8 | GND | 接地端 | 16 | VREF | 基准电压(2.5V) |

(4) 直流变换回路。MOS 开关管 Q203 和储能电感 L201 及 D201 组成电压变换电路。BA9741F 输出的脉冲经过 Q205、Q207 组成的推挽放大器放大后驱动 MOS 管做开关动作，使得直流电压对 L201 进行充放电，从 L201 的另一端输出。L201 输出的交流电压波形图如图 3-1-10 所示。

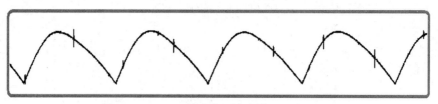

图 3-1-10　L201 输出电压波形图($f$=101.5kHz)

电路中的 MOS 开关管 Q203 采用 P 沟道场效应管。因此，当 U201 输出脉冲为低电平时对 L201 进行充电，高电平时 Q203 截止，L201 放电。由 Q205、Q207 组成的推挽放大电路起放大作用。由于 U201 输出脉冲的电流较小，不能直接驱动 MOS 管 Q203 工作。因此，必须加上放大电路以放大电流。

(5) 过压保护电路。当 L201 输出电压过高，且超过 D203 管的稳压值 11V 时，D203 管将会被击穿，使得 Q6 管导通，这样就把 U1 的 Pin6 脚 DTC 的电压拉低，使其电压值低于 0.7V，内部死区控制电路就关闭输出晶体管的输出，如图 3-1-11 所示。

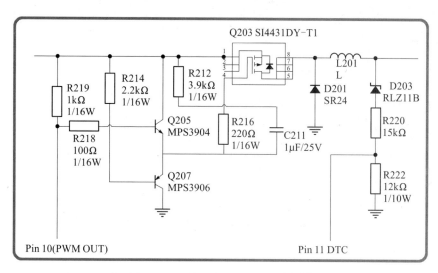

图 3-1-11    过压保护电路工作原理图

(6) LC 振荡及输出回路。如图 3-1-12 所示，C213 和 PT201 初级线圈组成 LC 振荡电路，Q209、Q210 组成推挽功率放大电路，它们处于交替工作状态。R224、R225、R226、R227 为启动电阻。Q209、Q210 的输出电压在 PT 上迭加，通过 LC 振荡电路产生高压正弦交流电输出。

在输出方面，C215、C216 为耦合分压电容。当负载的液晶面板灯管未点亮时，输出回路没有导通。由 PT1 产生的 1500V 的高压电通过电容耦合作用加在负载两端，这样就满足了冷阴极荧光灯的启动条件，荧光灯被点亮。此时输出回路导通，有电流流过电容。由于电容存在阻抗，因此电容两端就产生了压降。选择电容的参数值就可以使通过电容衰减后加在负载两端的电压变为 800V 左右的工作电压。

(7) 输出电压反馈。当负载工作时，在 R232 两端有交流电压存在。该电压经过 D205、D207、C211 整流滤波后，得到一个直流的采样电压。将该电压反馈给 BA9741F 的 Pin14 端，用于反馈控制 BA9741F 输出脉冲的占空比，达到稳定高压板输出高压的作用。

3) 液晶显示器常见的 TL1451 高压板维修

TL1451 内部具有定时锁定式短路保护电路，芯片内部的比较检测器具有两个反相输入端和一个同相输入端，能分别检测出两个误差放大器输出电压的大小。只要其中一个小于基准电压的 1/2(1.25V) 时，电压比较器的输出即为高电平。该输出电压触发定时回路，从而使基准电压通过 15 脚向电容 C23 充电；当 C23 上的电压达到晶体管的基-射电

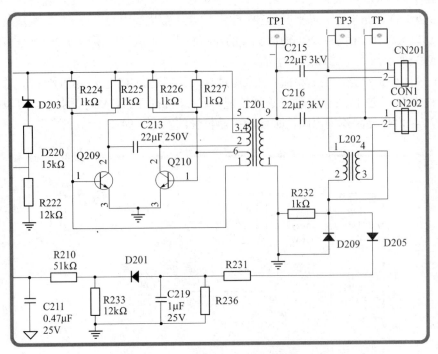

图 3-1-12　LC 振荡及输出回路工作原理图

压(0.6V)时，误差放大器的输出还没有恢复到正常电压范围，锁定电路置位。锁定电路一旦置位，输出激励晶体管基极偏置被切断，停止 PWM 脉冲输出，从而保护了后级电路和设备。本电路的所有保护电路都是在这个基本功能上扩展实现的。

过压保护：当意外原因造成末级高压形成电路供电电压超过 15V 时，有可能造成 T1 或 CCFL 损坏，此时 ZD1 击穿，IC2 的 11 脚(死区时间调整端)电压超过 2.5V，其 PWM 脉冲占空比为 0，末级高压形成电路失电。

欠压保护：系统刚上电或者意外原因使 IC2 供电电压不足 3.6V，其输出驱动晶体管很可能因为导通不良而损坏。因此，IC2 内部设置了欠压保护电路。当电源电压低于正常工作的最低值时，可通过检测基准电压的电平，置位锁定电路，使输出驱动晶体管截止。

高压过流保护：高压板高压通过 CCFL 后在 R9 上产生随工作电流变化的交流电压。CCFL 通过的电流越大，R9 两端的电压越高。此电压经过 D4 整流、C8 滤波后与亮度调节电压作用于相同的控制电路上。当 CCFL 电流超过设定值时，经过 R34 加到 IC2 第 4 脚的电压升高，内部误差放大器输出电平超过 1.25V，定时电路开始工作，C23 开始充电。同时，经过 R34、R33 加到 IC2 第 5 脚电压也升高。当 C23 上电压达到 0.6V 时，锁定式短路保护电路启动。此电路在未达到保护值时还用作误差放大器的取样，以便 IC 内部据调整输出脉冲的 PWM 宽度，给 CCFL 提供稳定的电流。

**3．高压板电路的故障特点**

(1) 常见故障。包括电压无输出、输出电压过低等。

(2) 故障现象及原因。

① 电源指示灯亮，黑屏。原因为开关管、PWM 控制芯片、高频变压器、保险等损坏。

② 开机后亮一下又变暗。原因为 PWM 控制器、电压启动电路、输出推动管、变换电路、自激振荡电路损坏。

③ 画面闪烁。原因为稳压控制电路、反馈电路、LC 振荡电路中的元器件损坏。

(3) 维修说明。

① 维修建议。电路采用双面 PCB 板，元器件布局紧凑，查找元器件或走线都比较困难。而且，末级升压变压器很难买到，建议更换整板。高压板的实物如图 3-1-13 所示。

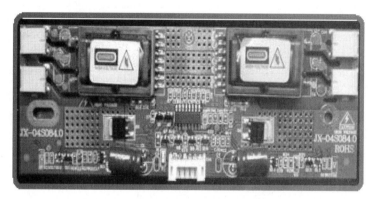

图 3-1-13　四灯高压板实物图

② 电源、高压一体板维修建议。如图 3-1-14 所示，在电源、高压一体化设计的机型中，由于空间有限，不容易查找接口，所以建议采用更换单个故障元件的方法进行维修，即"芯片级"维修。

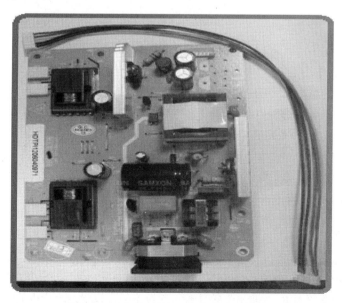

图 3-1-14　四灯电源、高压一体板实物图

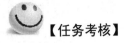【任务考核】

考核评价表

| 序号 | 考核项目 | 考核标准 | 分值 | 自我评价 | 小组评价 | 教师评价 |
|------|----------|----------|------|----------|----------|----------|
| 1 | 识别高压功能板 | 能正确表述组成结构及名称 | 5 | | | |
| | | 能正确说明指示灯作用 | 5 | | | |
| | | 能正确表述各主要部件名称 | 5 | | | |
| | | 能正确表述各接口作用 | 5 | | | |
| 2 | 识读高压电路图 | 能正确识读各元器件符号 | 5 | | | |
| | | 能正确表述信号流程 | 5 | | | |
| | | 能正确描述工作原理 | 5 | | | |
| 3 | 检测高压功能板 | 静态检测 | 15 | | | |
| | | 动态检测 | 15 | | | |
| 4 | 维修高压功能板 | 能独立完成三个故障维修 | 15 | | | |
| 5 | 安全操作 | 断电操作 | 5 | | | |
| | | 无人身伤害 | 5 | | | |
| 6 | 整理工作台 | 整理工具设备 | 5 | | | |
| | | 桌椅摆放整齐 | 5 | | | |
| 合计 | | | 100 | | | |

## 任务二　维修液晶显示器高压板故障

【实训准备】

工具准备：常用工具一套、手术刀、恒温电烙铁一台、热风枪、数字万用表一块、数字示波器一台、直流稳压电源一台。

设备准备：液晶显示器高压板、液晶显示器液晶面板组件一套。

具体任务：(1) 完成液晶显示器开机闪屏故障的检测与维修。

(2) 完成液晶显示器开机暗屏故障的检测与维修。

(3) 完成液晶屏背光灯管的更换。

【实训指导】

液晶显示器高压电路的常见故障主要有无输出电压、输出电压低等，这些情况会造成液晶显示器"闪屏""暗屏"等现象，通过实战可以学习高压板的维修方法。

### 1. 检修液晶显示器开机闪屏故障

1) 故障现象

液晶显示器开机后，屏幕忽亮忽暗不稳定，或者屏幕闪一下变暗，这两种情况都称为闪屏故障。

2) 检修方法

故障分析：这通常是高压电路故障造成的。液晶显示器闪屏故障是最为典型的一种故障现象，由于涉及高压电路，因此也是最难维修的故障之一。

重点检查部件：PWM 控制器、储能电感、开关管、过压保护电路中的稳压管、高频升压变压器等。

维修思路：按信号流程逐步进行测量，根据测量数据判断故障部位。

以四灯小口高压板的维修为例，操作步骤如图 3-2-1 所示。

| 测量方法图示 | 测量项目及说明 |
| --- | --- |
| 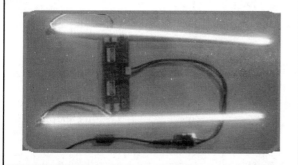 | 项目一：灯管试验。<br>用一个好的灯管接到高压板上，根据灯管的情况判定高压板电压是否正常。<br>测试结果：换上新的灯管，屏幕还是闪烁。 |
|  | 项目二：测量高压板的主供电压是否正常输入。<br>测量结果：万用表显示 12.45V，为正常输入。 |

| 测量方法图示 | 测量项目及说明 |
|---|---|
|  | 项目三：测量 ON 开关信号有 3.3V 信号输入。<br>测量结果：万用表显示 3.27V，该信号正常。 |
|  | 项目四：测量电源 IC 有无供电 12V 输入。<br>测量结果：万用表显示 12.45V，电压输入正常。 |
| 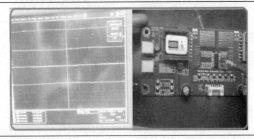 | 项目五：测量电源 IC 第 4 脚输出信号。<br>测量结果：示波器无波形显示，可以确定电源 IC 损坏。 |

测量结果分析：通过静态和动态两种方法的测试，最后确定了控制 IC 芯片损坏。

维修方法：更换电源 IC 芯片，故障解决。

若电源 IC 工作正常，则按照下述步骤继续进行测试。

| | |
|---|---|
| 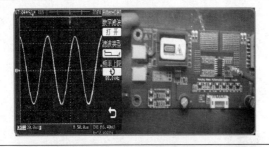 | 项目六：测量电源 IC 第 4 脚是否有信号输出。<br>测量结果：示波器显示有正弦波，说明电源 IC 正常。 |
|  | 项目七：分别测量变压器左右两个场效应管的供电脚。<br>测量结果：万用表显示 12.45V，场效应管有直流电压输入。 |

| 测量方法图示 | 测量项目及说明 |
|---|---|
| 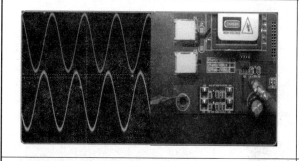 | 项目八：分别测量变压器左右两个场效应管的控制端是否有控制信号。<br><br>测量结果：示波器显示正弦波，有控制信号。 |
|  | 项目九：测量逆变器的初级。<br><br>测量结果：万用表显示"1"，说明 T1 逆变器初级开路，导致闪屏。 |
| 测量结果分析：由于逆变器 T1 的损坏导致整个高压板都没有高压输出。高压板的电源管理 IC 是只要有一个高压模块输出有问题，就会让所有的高压模块都不工作。<br>维修方法：更换一个同型号的高压逆变器 T1，高压板正常输出高压。 ||

图 3-2-1　四灯小口高压板通用板闪屏故障维修方法示意图

### 2．检修液晶显示器暗屏故障

1）故障现象

液晶显示器接通电源、按下开关后，电源指示灯亮，液晶屏幕有微弱亮度，但是整体是暗的。

  怎么办？

电源灯亮
显示器暗屏

2）检修方法

故障分析：液晶显示器开机暗屏，通常是高压板电路的问题。
重点检查部件：降压电感是否虚焊，电解电容是否漏电等。
维修思路：按信号流程逐步进行测量，根据测量数据判断故障部位。
以四灯小口高压板的维修为例，操作步骤如图 3-2-2 所示。

| 测量方法图示 | 测量项目及说明 |
|---|---|
| 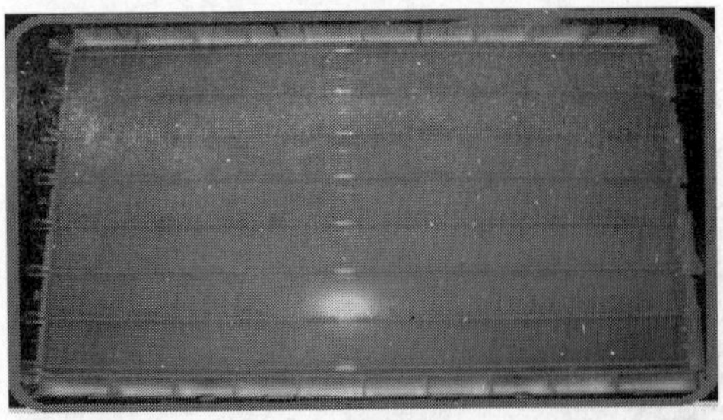 | 项目一：灯管替换试验。<br><br>用一个好的灯管接到高压板上，根据灯管的情况判定液晶面板中的灯管是否正常。<br><br>测试结果：换上新的灯管，屏幕还是暗的。 |
| 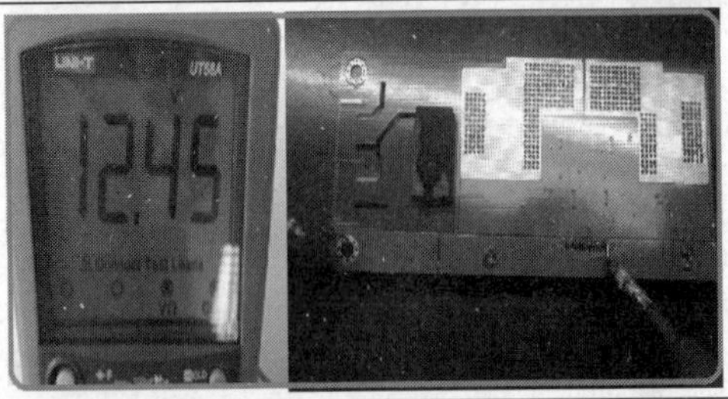 | 项目二：测量高压板的主供电电压输入。<br><br>测量结果：万用表显示 12.45V，电路有正常电压输入。 |
| 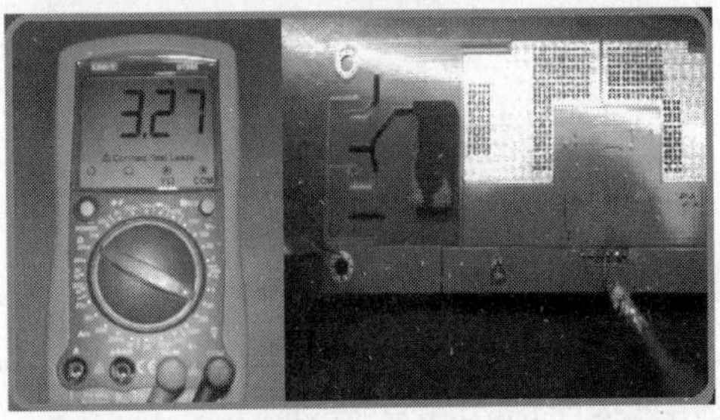 | 项目三：测量 ON 开关信号 3.3V 输入。<br><br>测量结果：万用表显示 3.27V，有开关信号输入。 |
|  | 项目四：测量电源 IC 供电 12V 输入。<br><br>测量结果：万用表显示 12.45V，IC 有正常电压输入。 |
| 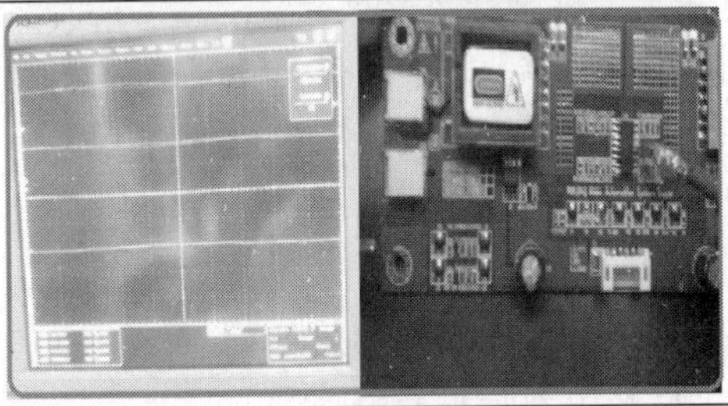 | 项目五：测量该 IC 第 4 脚输出信号。<br><br>测量结果：示波器无波形显示，可以确定电源 IC 损坏。 |

测量结果分析：通过静态测试和动态测试的方法，确定是控制 IC 芯片损坏。在更换电源 IC 的时候一定要注意第 1 脚的位置和芯片的摆放方向。

维修方法：更换电源 IC 芯片，故障解决。

图 3-2-2　四灯小口高压板通用板暗屏故障维修方法示意图

3）更换液晶显示器背光灯管

(1) 灯管损坏故障的快速判断方法

快速判断方法即手感温度。维修前，可以通过用手触摸灯管所在位置，通过温度高低判断灯管是否点亮工作，如果灯管位置温度不高，则是灯管损坏或其供电出了问题。

如图 3-2-3 所示为 DELL1910H 液晶显示器背光灯管的实物图。

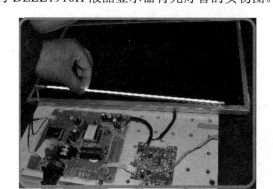

图 3-2-3　型号为 DELL1910H 的液晶显示器背光灯管实物图

(2) 检修方法——更换整体背光灯管。

故障分析：液晶显示器开机暗屏，通常是高压板电路的问题。

重点检查部件：降压电感是否虚焊、电解电容是否漏电等。

维修思路：按信号流程逐步进行测量，根据测量数据判断故障部位。

以型号为 DELL1910H 的液晶显示器背光灯管维修为例，操作步骤如图 3-2-4 所示。

| 拆装图示 | 拆装图解 |
| --- | --- |
| 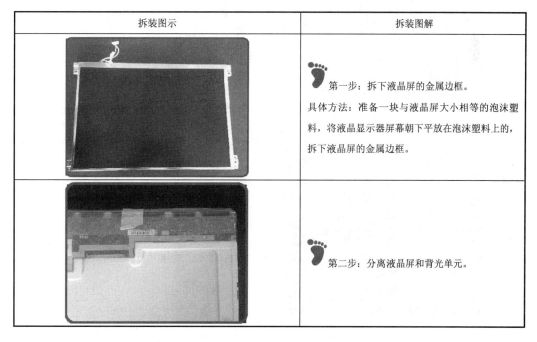 | 第一步：拆下液晶屏的金属边框。<br>具体方法：准备一块与液晶屏大小相等的泡沫塑料，将液晶显示器屏幕朝下平放在泡沫塑料上，拆下液晶屏的金属边框。 |
| | 第二步：分离液晶屏和背光单元。 |

| 拆装图示 | 拆装图解 |
|---|---|
| 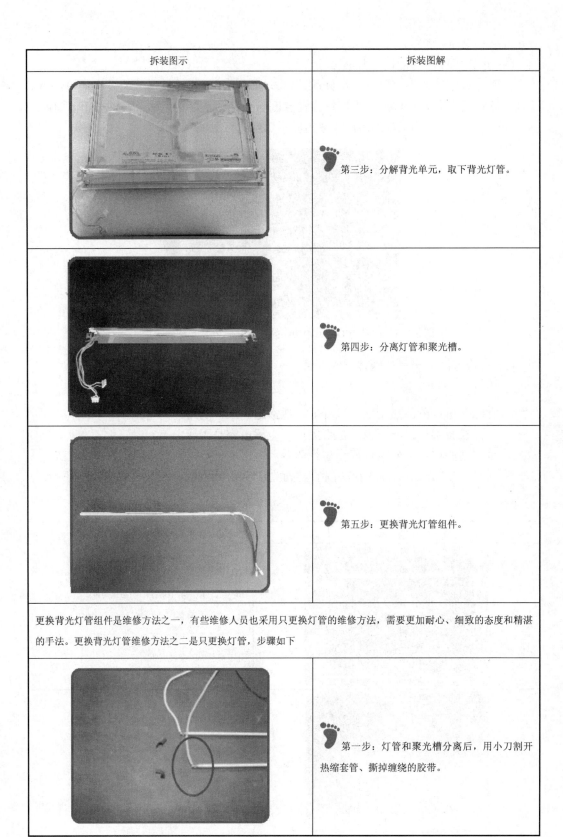 | 第三步：分解背光单元，取下背光灯管。 |
| | 第四步：分离灯管和聚光槽。 |
| | 第五步：更换背光灯管组件。 |
| 更换背光灯管组件是维修方法之一，有些维修人员也采用只更换灯管的维修方法，需要更加耐心、细致的态度和精湛的手法。更换背光灯管维修方法之二是只更换灯管，步骤如下 | |
| | 第一步：灯管和聚光槽分离后，用小刀割开热缩套管、撕掉缠绕的胶带。 |

| 拆装图示 | 拆装图解 |
|---|---|
| 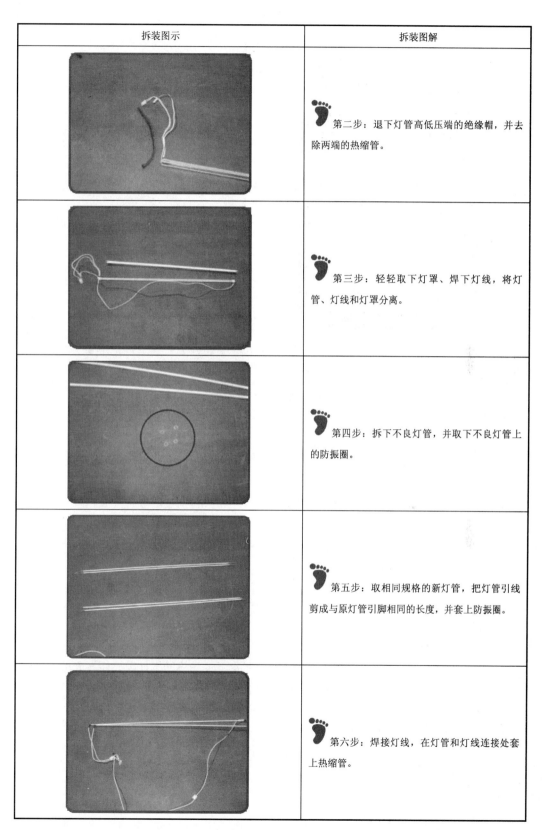 | 👣 第二步：退下灯管高低压端的绝缘帽，并去除两端的热缩管。 |
| | 👣 第三步：轻轻取下灯罩、焊下灯线，将灯管、灯线和灯罩分离。 |
| | 👣 第四步：拆下不良灯管，并取下不良灯管上的防振圈。 |
| | 👣 第五步：取相同规格的新灯管，把灯管引线剪成与原灯管引脚相同的长度，并套上防振圈。 |
| | 👣 第六步：焊接灯线，在灯管和灯线连接处套上热缩管。 |

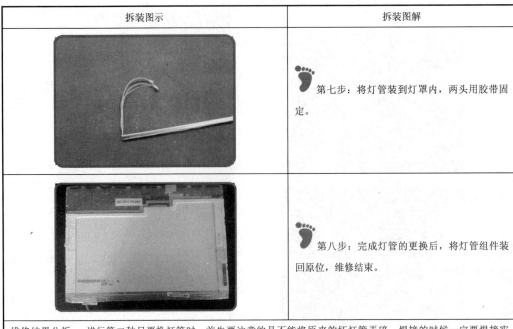

| 拆装图示 | 拆装图解 |
|---|---|
| | 第七步：将灯管装到灯罩内，两头用胶带固定。 |
| | 第八步：完成灯管的更换后，将灯管组件装回原位，维修结束。 |

维修结果分析：  进行第二种只更换灯管时，首先要注意的是不能将原来的坏灯管弄碎，焊接的时候一定要焊接牢固，防止安装的时候脱落；其次一定要做好两头的绝缘保护。

图 3-2-4　DELL1910S 更换背光灯管方法示意图

【知识仓库】

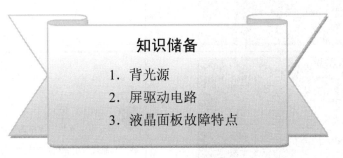

知识储备

1. 背光源
2. 屏驱动电路
3. 液晶面板故障特点

### 1. 背光源

1) 背光源的类型

(1) EL 背光源：即电致发光，靠在交变电场激发下荧光粉的本征发光而发光的冷光源。

① 优点：薄，可以做到 0.2～0.6mm 的厚度。

② 缺点：亮度低，寿命短(一般为 3000～5000h)。

③ 应用：手机、PDA、游戏机等。

(2) CCFL 背光源：冷阴极荧光灯，依靠冷阴极气体放电而激发荧光粉而发光的光源。

① 优点：亮度高。

② 缺点：功耗较大，还需逆变电路驱动，工作温度范围窄，为 0～60℃。

③ 应用：彩色液晶显示器。

(3) LED 灯背光：发光二极管，LED 灯有很多种颜色。其中，特别的颜色是白色，可大致分为高亮、低亮两种。

① 优点：单灯的功耗是最小的，亮度好，均匀性好。

② 缺点：厚度较大(大于 4.0mm)，使用的 LED 数量较多，发热现象明显，存在颜色偏差，尤其是蓝色和白色。

③ 应用：路边的广告牌、家用电器上的指示灯和手机键盘上的背光照明等。

2) 背光源的安装位置

(1) 侧光式(边光式)：即将线形或点状光源设置在经过特殊设计的导光板的侧边做成的背光源。

根据实际需要，又可做成双边式，甚至三边式。边光式背光一般可做得很薄。但是，光源的光利用率较小，且越薄利用率越小，最大约 50%。

(2) 直下式(底背光式)：是有一定结构的平板式的面光源。可以是一个连续均匀的面光源，也可以是一个由较多的点光源构成的面光源的背光源。

3) 背光源灯管数量

(1) 双灯：在液晶屏的上、下边各有一个灯管。其技术比较老。但是却比较成熟，存在的问题是亮度不够均匀。

(2) 四灯：四灯的设计分为三种摆放形式：①四个边各有一个灯管；②四个灯管由上到下平均排列的方式；③更多的采用上方两个灯管、下方两个灯管的方式。四灯能均匀地补充屏幕光源，避免屏幕出现灰暗现象，同时，还可以增加色彩的表现力。

(3) 六灯：采用三根"U"形的灯管，平行放置，以达到六灯的效果。因此，有时也将"六灯"称为"三灯"。六灯可以让液晶的亮度更加均匀，但灯管发热量较大，影响显示器的使用寿命。

4) 侧光式 CCFL 背光源

(1) 定义。CCFL(Cold Cathode Fluorescent Lamps)即冷阴极荧光灯，是一种气体放电发光器件，其构造类似常用的日光灯，通过连接插头与高压板相连，如图 3-2-5 所示。

图 3-2-5　CCFL 冷阴极荧光灯实物图

(2) 优点。灯管细小、结构简单、易加工成各种形状(直管形、L 形、U 形、环形等)、表面温升小、亮度高、使用寿命长、显色性好、发光均匀等。

它是当前液晶屏最为理想的背光源。同时，广泛应用于广告灯箱、扫描仪等设备上。

(3) C 结构。CCFL 是一个密闭的气体放电管。管的两端是冷阴极，采用镍、钽和锆等金属做成，无须加热即可发射电子。灯管内主要是惰性气体氩气，并充入少量的氖气、氪和气汞气作为放电的触媒。其结构如图 3-2-6 所示。

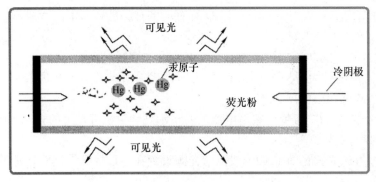

图 3-2-6　CCFL 冷阴极灯管结构示意图

(4) 工作电压：灯管的供电必须是交流正弦波，频率为 40～80kHz；启动电压一般为 1500～1800V，维持电压一般为 500～800V。

**2. 屏驱动电路**

1) 屏驱动电路的组成

屏驱动电路由时序信号控制电路(TCON)、行驱动电路、列驱动电路和 DC/DC 直流电源转换电路组成，如图 3-2-7 所示。液晶屏驱动电路 PCB 位置图如图 3-2-8 所示，TFT 液晶面板实物图如图 3-2-9 所示。

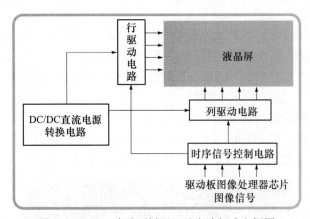

图 3-2-7　TFT 液晶面板屏驱动电路组成方框图

2) 各部分电路的作用

(1) DC/DC 直流电源转换电路：将逻辑电源转换成负电压及液晶面板驱动电路所需要的电压。

这部分主要由一个或多个 DC-DC 电源管理芯片来处理。

屏供电主要有 12V、5V、3.3V 三种。

(2) 时序信号控制电路：将驱动板送来的图像信号进行处理之后，分别送到行、列驱动电路，驱动液晶屏显示图像。

(3) 行驱动电路：送出波形，依序将每一行的薄膜晶体管(TFT)打开。

(4) 列驱动电路：将位于液晶屏上的液晶电容与存储电容充电到所需要的灰阶电压，显示不同的灰阶。

72

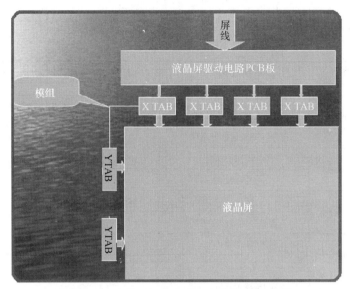

图 3-2-8　液晶屏驱动电路 PCB 板位置示意图

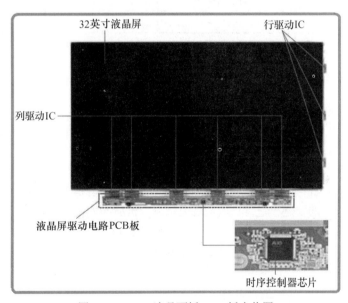

图 3-2-9　TFT 液晶面板 PCB 板实物图

## 3．液晶面板故障特点

(1) 常见故障。包括花屏、屏暗、发黄、白斑、亮线、亮度不均、漏光等。

(2) 故障现象及维修。

① 花屏。为电路故障，检查屏线是否断裂，屏电压、负电压输出是否正常。

② 发黄和白斑。为背光源故障，更换导光板和背光片。

③ 亮线。为液晶面板水平或垂直控制元件故障。

④ 亮度不均。为背光灯管或导光板故障。

⑤ 严重漏光。为背光灯密封胶条松开或损坏。

## 【考核评价】

考核评价表

| 序号 | 考核项目 | 考核标准 | 分值 | 自我评价 | 小组评价 | 教师评价 |
|------|----------|----------|------|----------|----------|----------|
| 1 | 识读高压板 | 能正确表述组成结构名称及作用 | 10 | | | |
| | | 能正确识读元器件 | 10 | | | |
| | | 能正确表述信号流程 | 10 | | | |
| 2 | 检测高压板 | 静态检测 | 10 | | | |
| | | 动态检测 | 10 | | | |
| 3 | 维修高压板 | 能独立完成闪屏和暗屏故障 | 20 | | | |
| | | 能独立完成灯管更换 | 10 | | | |
| 4 | 安全操作 | 断电操作 | 5 | | | |
| | | 无人身伤害 | 5 | | | |
| 5 | 整理工作台 | 整理工具设备 | 5 | | | |
| | | 桌椅摆放整齐 | 5 | | | |
| | 合计 | | 100 | | | |

## 【拓展知识】

### 1．液晶显示器高压板芯片级维修技法

1）高压测试棒触碰法

对于开机后闪一下即黑屏的故障，可采用此法。

具体方法：开机后电源指示灯为绿色，马上用高压测试棒(也可用单支万用表表笔)触碰高压输出插头焊脚，观察是否有微弱蓝色火花出现，如果有火花出现，则故障在灯管本身或接插件问题。多灯管的要逐一进行试验。这里强调开机后马上进行测试，主要是为避免保护电路启动后造成误判。根据实际经验，冷机即使灯管损坏，保护电路启动也需要几秒以上。而热机或者刚断开电源不久又重新通电，保护电路启动仅需合适的检测时机。

2）观察法

可通过观察法判断灯管是否老化。

具体方法：一般来说，在老化的灯管顶端可以见到类似普通荧光灯老化后发黑的现象。这时说明该灯管已经不能用了，需要进行代换。

3）假负载法

因为灯管脆弱、长度太长，连接灯管检修时很不方便。因此，日常维修时一般采用假负载法。

具体方法：在高压板的高压输出端用一个 150kΩ/10W 的水泥电阻代替灯管，这样就方便多了。不过，高压正常时该假负载发热量比较大，注意不要烫坏其他元器件。

### 2．高压板维修实例

由高压板故障形成的黑屏和由电源故障形成的黑屏是有一定区别的。电源电路出现故障时，整机无电，出现真正意义上的黑屏；高压板出现故障时，显示器工作时仔细观察屏幕，发现会有微弱的图像。因此，这种黑屏严格来说应称为"暗屏"，但一般习惯上仍称为"黑屏"。

例1：一台 LG L1510S 液晶显示器，遭遇雷击，黑屏。

分析与检修：该机为开关电源、高压电路一体化板设计。经检查，发现高压主控芯片炸裂，不能得知型号，部分铜箔烧断。排除其他故障后，决定对高压板进行更换。通过对该机驱动板的插排(CW301)和驱动板连线的标记及对外围元器件的判断，与高压有关的接口如下：CW301 的 1 脚为 LPWM，2 脚为 DIM，3 脚为 POW(高压启动端)，8、9 脚为 GND，10、11 脚为 12V。其中，1 脚都和亮度调节有关系，暂时不能确定正确接法。

新的高压板，除了用于亮变的调节插针外，其他一一对应接好，背光灯插头也接好。开机显示器点亮，将新高压板亮度控制端的引脚接驱动板 DIM 端，调节亮度无变化。但是，调节对比度图像亮暗变化完全可以接受。将新高压板亮度控制端接驱动板 LPWM 端，亮度可以进行调节，且变化幅度与原机基本一致。

由于原机的空间有限，新高压板不能直接固定。于是，将原机高压部分元器件完全拆除，将新高压板用胶粘在腾出的电路板空位上。安装孔处焊接一条导线，导线另一端就近用螺钉拧紧在屏外壳上。至此更换完毕，开机一切正常。

例2：LG 1510S 液晶显示器，黑屏(无背光有图像)。

分析与检修：根据故障现象，初步判断为高压板及连线、灯管有故障。用灯管测试板检查灯管无问题，更换高压板后故障依旧。经过仔细检查高压板连线接口，发现 BL 端电压时有时无，ADJ 电压 0V，怀疑连线断线。用万用表测量，果然断线，更换连线后，故障排除。

### 3．液晶显示器的技术参数

1) 液晶显示器尺寸和显示屏

液晶显示器广泛应用于工业控制中，尤其是一些复杂控制设备的面板、医疗器械的显示等。我国常用于工业控制及仪器仪表中的液晶显示器的分辨率为 320×240，640×480，800×600，1024×768 及以上分辨率的屏。常用的大小有 3.9in，4.0in，5.0in，5.5in，5.6in，5.7in，6.0in，6.5in，7.3in，7.5in，10.0in，10.4in，12.3in，15in，17in，20in，甚至现在的 50inYIS 等；颜色有黑白、伪彩、512 色、16 位色、24 位色等。

液晶显示器的尺寸是指液晶面板的对角线尺寸，以 in 为单位(1in=2.54cm)。现在，主流的有 15in、17in、19in、21.5in、22.1in、23in、24in 等。

2) 液晶显示器的点距

水平点距指每个完整像素的水平尺寸，垂直点距指每个完整像素的垂直尺寸。举例来说一般 14in 液晶显示器的可视面积为 285.7mm×214.3mm，它的最大分辨率为 1024×768，那么它的点距就等于：可视宽度/水平像素(或者可视高度/垂直像素)，即 285.7mm/1024=0.279mm(或者是 214.3mm/768=0.279mm)。

3) 液晶显示器色的彩度

液晶显示器最重要的当然是色彩表现度。自然界的任何一种色彩都是由红、绿、蓝三种基色组成的。LCD 面板上是由 1024×768 个像素点组成显像的，每个独立的像素色彩由红、绿、蓝(R、G、B)三种基本色来控制。大部分厂商生产出来的液晶显示器，每个基本色(R、G、B)达到 6 位，即 64 种表现度，那么每个独立的像素就有 64×64×64=262144 种色彩。也有不少厂商使用了 FRC(Frame Rate Control)技术以仿真的方式表现出全彩的画面，也就是每个基本色(R、G、B)能达到 8 位，即 256 种表现度。那么，每个独立的像素就有高达 256×256×256=16777216 种色彩。

4) 液晶显示器对比度

对比值是定义最大亮度值(全白)除以最小亮度值(全黑)的比值。液晶显示器制造时选用的控制 IC、滤光片和定向膜等配件，与面板的对比度有关。对比度一般为 200:1～400:1，越大越好，使用测试软件中的 256 级灰度测试，在平视时能看清楚更多的小灰格，即是对比度好。

5) 液晶显示器亮度

液晶显示器的最大亮度，通常由冷阴极射线管(背光源)来决定，亮度值一般为 200～250cd/m$^2$，亮度越高，对周围环境的适应能力就越强。技术上可以达到高亮度，但是这并不代表亮度值越高越好。因为，太高亮度的显示器有可能使观看者眼睛受伤。

6) 液晶显示器信号响应时间

响应时间指的是液晶显示器对于输入信号的反应速度，也就是液晶由暗转亮或由亮转暗的反应时间，通常以毫秒(ms)为单位。此值越小越好。如果响应时间太长，则有可能使液晶显示器在显示动态图像时出现尾影拖曳现象。

用一个很简单的公式可算出相应反应时间下的每秒画面数：

响应时间 30ms=1/0.030=每秒约显示 33 帧画面

响应时间 25ms=1/0.025=每秒约显示 40 帧画面

响应时间 16ms=1/0.016=每秒约显示 63 帧画面

响应时间 12ms=1/0.012=每秒约显示 83 帧画面

7) 液晶显示器可视角度

液晶显示器的可视角度左右对称，而上下则不一定对称。例如，当背光源的入射光通过偏光板、液晶及取向膜后，输出光便具备了特定的方向特性，也就是说，大多数从屏幕射出的光具备了垂直方向。假如从一个非常斜的角度观看一个全白的画面，可能会看到黑色或色彩失真。一般来说，上下角度要小于或等于左右角度。可视角度为 80°左右，表示在始于屏幕法线 80°的位置时可以清晰地看见屏幕图像。但是，由于人的视力范围不同，如果没有站在最佳的可视角度内，所看到的颜色和亮度将会有误差。现在有些厂商已开发出各种广视角技术，试图改善液晶显示器的视角特性，如 IPS(In Plane Switching)、MVA(Multidomain Vertical Alignment)、TN+FILM。这些技术都能把液晶显示器的可视角度增加到 160°，甚至更多。

8) 液晶显示器分辨率、刷新率、行频、信号模式

液晶显示器的分辨率是指液晶屏制造所固有的像素的行数和列数，如 1024×768(多为 15in，能满足 XGA 信号模式要求)，800×600(多为 14in，能满足 SVGA 信号模式要求)。分辨率越高，清晰度越好。刷新率即显示器的场频，刷新率越高，显示图像的闪动就越小。在液晶显示器的分辨率、行频、场频、刷新率确定后，其接收的最高信号模式就明确了。现在液晶显示器一般有以下两种产品：

XGA　　 1024×768　　 行频 60kHz　　 场频 75Hz

SXGA　　 1280×1024　　 行频 80kHz　　 场频 75Hz

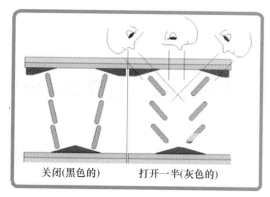

关闭(黑色的)　　打开一半(灰色的)

图 3-2-10　TN+FILM 液晶视觉效果图

### 4．EL 背光技术的应用和发展

随着高科技产品的民用化普及，从前仅在飞行器的驾驶座舱内使用的场致发光技术现已广泛运用于民用手持设备上，如手机、传呼机、无绳电话、个人数字助理、遥控器等产品。由于 EL 背光方式具有体积小、质量轻、温度低、耗电少、无闪烁、发光均匀等特性，现已逐渐取代传统的 LED 背光方式。

EL 背光系统由 EL 灯片和 EL 驱动器组成。EL 场致发光灯的供应商可以通过使用不同的发光材料，如硫化锌、硫化钙或硫化锶，再掺杂其他成分如镁、钐、铕或添加萤光染色剂等，来调整光的亮度和颜色。改变激励频率同样能引起光的颜色变化。当频率增加时，颜色向偏蓝的方向变化；而当频率减小时，颜色会向偏绿的方向变化。EL 灯片的原始颜色是指激励电压为 200V/400Hz 时 EL 灯片的发光颜色。

EL 灯片具有很强的柔韧性，在不折损电极的前提下，可任意裁剪或弯曲，而不影响发光性能；而且，EL 灯片是一种"平面"发射器，相对于 LED 点光源，无须导光板等扩散器即可实现全表面均匀光；另外，LED 是一个"热点"光源，局部"热点"往往会给精密的电子系统带来意想不到的干扰，而 EL 灯片是一个冷光源。

### 5．LED 的背光源的介绍

LED(Light Emitting Diode)就是发光二极管。这种产品及其应用，在现实生活中随处可见。由于传统液晶显示器上 CCFL 背光技术及产品的某些先天不足，如色域狭窄、能源利用率低其功耗较高和寿命短小等，所以人们一直在寻找其替代技术及产品。而在这个过程中，LED 背光技术产品便被纳入了选用范畴。

从发光原理上来看，LED 由数层很薄的掺杂半导体材料制成：一层带有过量的电子；另一层则缺乏电子而形成带正电的"空穴"，工作时电流通过，电子和空穴相互结合，多余的能量则以光辐射的形式被释放出来，LED 正是根据这样的原理实现电光的转换。根据半导体材料物理性能的不同，LED 可发出从紫外到红外不同光谱下不同颜色的光线。特别是 LED 不能发出白光的技术问题的解决，为 LED 在显示领域的应用奠定了根本性的基础。LED 背光源更多地应用于液晶电视机。

# 学习单元四　检修驱动板

## 单元描述

如果把电源当成人类生存所需的外来能量，那么驱动板就是人的大脑和心脏。驱动板担任着接收来自计算机主机的图像信号，处理完成后再传送给液晶面板显示图像的桥梁作用。驱动电路是液晶显示器的核心，该电路又称为液晶显示器主板，电路性能直接影响整机的性能。

本单元介绍液晶显示器驱动板的电路组成及工作原理。通过对中盈创信驱动电路 SOL 仿真功能板的测试，可掌握液晶显示器驱动板电路故障的分析与检测方法，从而掌握驱动板损坏的维修方法。

## 任务一　检修驱动电路 SOL 仿真功能板

### 【实训准备】

工具准备：常用工具一套、恒温电烙铁一台、热风枪、数字万用表一块、数字示波器一台、直流稳压电源一台、中盈创信 SOL 智能检测平台。

设备准备：液晶显示器驱动板电路 SOL 仿真功能板、驱动板。

具体任务：(1) 认识液晶显示器驱动电路 SOL 仿真功能板。

(2) 完成液晶显示器驱动电路 SOL 仿真功能板静态检修。

(3) 完成液晶显示器驱动电路 SOL 仿真功能板动态检修。

### 【实训指导】

通过完成液晶显示器中盈创信驱动电路 SOL 仿真功能板的检修任务，练习驱动电路的分析与检测方法。

### 1. 认识中盈创信驱动板电路 SOL 仿真功能板

(1) 名称：液晶显示板。

(2) 型号：SOL-STM-MODRIVER。

(3) 电路组成。由电源部分、MCU 控制部分、存储部分、显示部分、按键部分、VGA 接口部分、DVI 接口部分和检测平台接口部分组成。

(4) 主要部件说明。功能板外观如图 4-1-1 所示，实物图如图 4-1-2 所示。

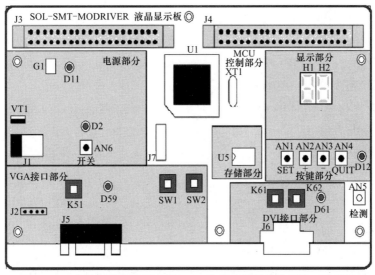

图 4-1-1　中盈创信驱动板电路 SOL 仿真功能板的外观接口示意图

图 4-1-2　中盈创信驱动电路 SOL 仿真功能板实物图

J1：10V 的直流电源输入接口。

J2：出厂测试卷。

J3/J4：40pin排线连接检测平台接口。

J5：VGA模拟信号输入接口。

J6：DVI数字信号输入接口。

SW1：行信号开关。

SW2：场信号开关。

K51：　VGA信号开关。

K61：DVI 信号开关。

K62：DVI 信号节能开关。

D2：电源指示灯。

D11：开机指示灯。

D12：设置状态指示灯。

D59：接 VGA 数据线指示灯。

D61：接 DVI 数据线指示灯。

G1：光电耦合器。

U1：微处理器芯片。

H1/H2：七段数码管。

AN1(SET)按钮：将亮度值保存于24C02后，退出。对亮度值进行设置时，首先按SET
按钮，D12灯亮。

AN2(+)按钮：增强亮度。

AN3(−)按钮：减弱亮度。

AN4(QUIT)按钮：退出不保存。按1下，数码管电压；按2下，行频；按3下，场频；

80

按4下，亮度值(默认数码管显示亮度值)。

AN5检测按钮：数码管、24C02测试、行场状态的检测按钮。

AN6按钮：开关机按钮。

(5) 功能板状态的检验说明。

① 插上直流电源，D2电源红色指示灯亮，相当于显示器通电的状态。

② 插上直流电源，按下AN6按钮，D11指示灯亮，相当于显示器供电正常。

③ 按下相应的按钮，模拟显示器的各种工作状态。

④ 在使用检测平台检测时，必须按下"K51，K61，SW1，SW2"按键。

(6) 功能板使用说明。

① 接通电源后，电源指示灯D2亮。

② 待机。

接通电源后，电源指示灯D2亮，表示显示器处于待机状态；

在待机状态下，按电源部分的AN6开关，工作指示灯D11亮，进入工作状态。

在工作状态下，按电源部分的AN6开关，工作指示灯D11灭，进入待机状态。

③ 连机信号。

在工作状态下，若无连机信号，则显示部分的数码管显示"no"，进入未连机状态。

按下VGA接口部分的K51开关，或按下DVI接口部分的K61开关，模拟连机信号，则数码管不再显示"no"，进入连机状态。

在连机状态下，断开VGA接口部分的K51开关、DVI接口部分的K61开关，无模拟连机信号，则数码管显示"no"，进入未连机状态。

④ 行场信号。

在连机状态下(K51开关按下状态)，若无行场信号，数码管显示"--"，进入VGA节能状态。

按下VGA接口部分的行、场信号模拟开关SW1、SW2，数码管显示亮度设定值，进入显示状态。

在显示状态下，断开VGA接口部分的行、场信号模拟开关SW1、SW2，数码管显示"--"，进入VGA节能状态。

⑤ 亮度调节。

在显示状态下，按下按键部分的"SET"开关，设置指示灯D12亮，进入亮度设置状态。

在亮度设置状态下，按下按键部分的"+"开关，数码管数值增加，同时数码管亮度增强；按下"-"开关，数码管数值减少，同时数码管亮度减弱，数码管亮度调节至适宜。

⑥ 参数存储。

在亮度调节状态下，将数码管亮度调节至适宜。

若想保存数码管亮度值，按下按键部分的"SET"开关。设置指示灯D12灭，保存数码管亮度值后退出亮度设置状态。

若不想保存数码管亮度值，按下按键部分的"QUIT"开关。设置指示灯D12灭，退出亮度设置状态，数码管恢复原亮度。

⑦ 检测。

在节能状态或显示状态下，按右下角的"检测"开关，进入自动检测状态。

在自动检测状态下，MCU自动检测显示部分、存储部分、VGA接口部分。

检测中发现异常时，对应区域的黄灯点亮，亮灯时间为10s，不可连续测试，应待黄灯熄灭后再次测试。

(7) 驱动板功能板的工作流程。10V 电压经 D1 送至 VT1 的第 1 脚，由第 3 脚输出 5V 直流电压，给功能板各模块提供工作电压。U1 工作后，根据按键信号完成相应的控制动作。U2、U3 为移位寄存器，分别驱动 H1 和 H2 显示，它们的亮度调节由 U7 根据 U1 的命令调节。U4 通过振荡分频产生行场的模拟信号，经 U6 送至 U1 处理。U5 用来存储 H1 和 H2 的亮度值。

(8) 驱动功能板电路原理图，如图 4-1-3 所示。

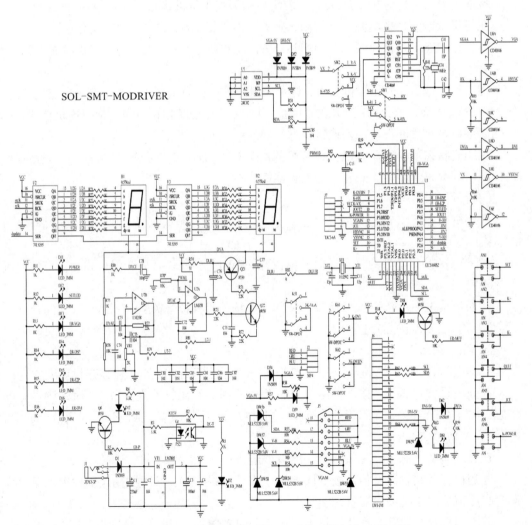

图 4-1-3　中盈创信驱动电路 SOL 仿真功能板电路原理图

## 2. 中盈创信驱动板电路 SOL 仿真功能板静态检修

测量说明：仿真功能板的静态测量指在不通电的情况下，用万用表的蜂鸣挡测量元器件(行业规范将此测量称为打阻值)。此方法用来判断元器件好坏或电路是否正常。

操作步骤如图 4-1-4 所示。

| 测量图示 | 测量项目及说明 |
|---|---|
|  | 项目一：测量驱动板供电电路中电容对地值。<br>【正常】万用表阻值显示大于 1000。<br>【损坏】万用表有"嘀"的长鸣声音，阻值显示 001。 |
|  | 项目二：测量驱动板输入接口的对地值。<br>【正常】万用表阻值显示 300～800。<br>【损坏】万用表有"嘀"的长鸣声音，阻值显示 001。 |
| 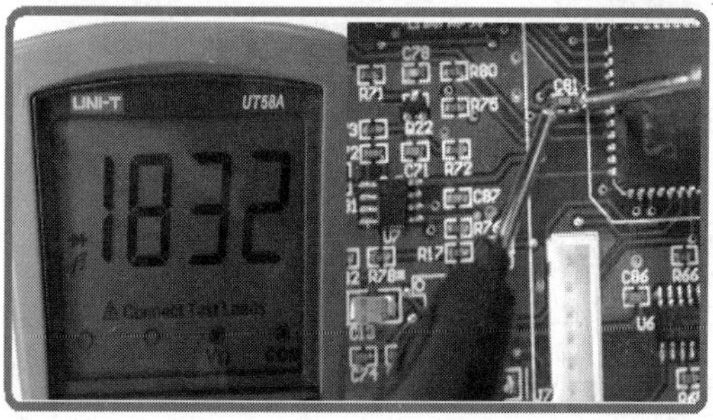 | 项目三：测量驱动板控制电路外围电容对地值。<br>【正常】万用表阻值显示大于 1000。<br>【损坏】万用表有"嘀"的长鸣声音，阻值显示 001。 |

测量结果分析：静态测量驱动板的时候一定要做好静电的防御措施，不然由于静电的存在会导致测量数据不准确。

图 4-1-4　中盈创信驱动电路 SOL 仿真功能板静态检修示意图

## 3. 中盈创信驱动电路 SOL 仿真功能板动态检修

测量说明：仿真功能板的动态测量指在通电的情况下，用万用表的直流电压挡测量电路板上的电压值。正常情况下，通电后功能板上指示灯会发亮，表明工作正常。

操作步骤如图 4-1-5 所示。

| 测量图示 | 测量项目及说明 |
|---|---|
|  | 项目一：测量驱动板供电电路直流输出电压。<br>【正常】输出电压是 DC 5V，万用表显示 4.89V。<br>【损坏】输出电压不等于 5V 的情况下，功能板前级电路工作不正常。 |
|  | 项目二：测量比较器芯片 LM358 供电 8 脚输入电压。<br>【正常】输入电压 DC 5V，万用表显示 4.89V。<br>【损坏】输出电压不等于 5V 的情况下，功能板前级电路工作不正常。 |
| 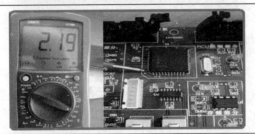 | 项目三：测量 MCU 的供电 44 脚输入电压。<br>【正常】输入电压 DC 2.1V，万用表显示 2.19V。<br>【损坏】输入电压不等于 2.1V 的情况下，功能板前级电路工作不正常。 |
|  | 项目四：测量存储器供电 8 脚输入电压。<br>【正常】输入电压约 DC 5V，万用表显示 4.89V。<br>【损坏】输出电压不等于 5V 的情况下，功能板前级电路工作不正常。 |
|  | 项目五：测量移位寄存器的供电 14 脚的电压。<br>【正常】输入电压约 DC 5V，万用表显示 4.89V。<br>【损坏】输出电压不等于 5V 的情况下功能板前级电路工作不正常。 |

测量结果分析：在加电测试的时候一定要注意管脚之间的测量，表笔的笔头在测量管脚较密的芯片时一定要加上探测针头。

图 4-1-5　中盈创信驱动电路 SOL 仿真功能板动态检修示意图

【知识仓库】

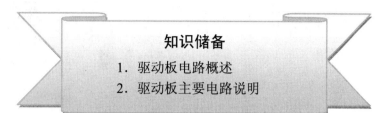

知识储备

1. 驱动板电路概述
2. 驱动板主要电路说明

**1. 驱动板电路概述**

1) 电路组成

驱动板也称主板，是液晶显示器的核心电路，主要组成部分如图 4-1-6 所示。其实物图如图 4-1-7 所示。

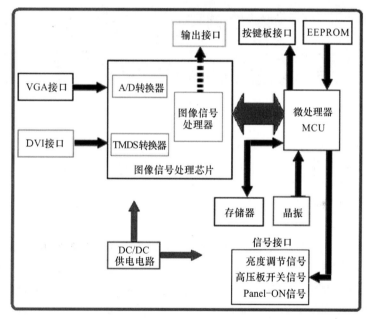

图 4-1-6 液晶显示器多芯片驱动板电路组成方框图

2) 工作过程

(1) 当接通电源时，液晶显示器电源电路开始工作，输出待机电压，为微处理器内部的时钟电路供电，时钟电路工作，为开机模块提供时钟频率。

(2) 当按下电源开关时，微处理器收到开机信号，向供电电路发出控制信号，供电电路工作，输出驱动控制电路所需的工作电压，复位电路，从而使微处理器复位，微处理器读取 EEPROM 芯片中的 DDC 信息，向液晶面板发出 PANEL-ON 信号或向图像处理器发出复位信号。发出复位信号后，向高压板电路发出开关信号，使高压板电路工作，从而输出背光灯管需要的高压，点亮灯管。

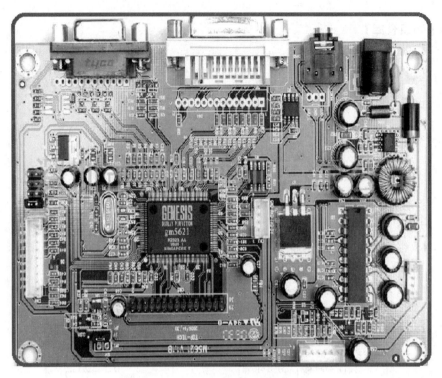

图 4-1-7　驱动板实物图

(3) 液晶显示器启动，计算机的模拟图像信号进入 A/D 转换器，数字图像信号进入图像处理芯片，转换成 LVDS 信号，使液晶面板显示图像。

3) 驱动板上各主要 IC 芯片介绍

(1) MCU：8051 单片机，其主要作用有电源控制、OSD 控制、频率计算、RS232 通信等。

(2) GMZAN1：集成 ADC、OSD、SCALER，把计算机输入的 RGB 模拟视频信号转换为数字信号，并通过差补缩放处理，输出至液晶显示器液晶面板时序控制电路。

(3) LM2596：直流电源变换器，用于将 12V 输入转变为 5V 的直流输出。

(4) AIC1084：直流电源变换器，用于将 5V 输入转变为 3.3V 的直流输出。

(5) 24LC21：1KB EEPROM，用于存储表示显示设备标志的 DDC 数据。其中包含设备的基本参数、制造厂商、产品名称、最大行频、可支持的分辨率等。

(6) 24C04：4KB EEPROM，用于存储 Auto Config 数据、平衡数据、POWER KEY 状态及 POWER ON 计数数据等。

**2．驱动板主要电路说明**

1) MCU 微处理器电路

(1) 电路组成。液晶显示器的微处理器电路通常包括微处理器、EEPROM、存储器、复位电路、时钟电路、供电电路、I²C 总线控制、开关控制电路、同步信号处理电路等，如图 4-1-8 所示。

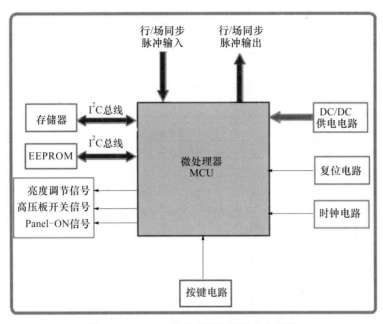

图 4-1-8　MCU 微处理器电路组成方框图

(2) MCU 微处理器各主要引脚功能定义，如表 4-1-1 所列。

表 4-1-1　MCU 微处理器引脚功能

| Pin | 名称 | 功　　能 |
|---|---|---|
| 1 | NC | 空引脚 |
| 2 | HDATA0 | |
| 3 | MFB7(HDATA1) | 与 GMZAN1 通信时所用到的四位数据位 |
| 4 | MFB8(HDATA2) | |
| 5 | MFB9(HDATA3) | |
| 6 | HCLK | 时钟输出到 GMZAN1 |
| 7 | HFS | 允许位，选通 GMZAN1 |
| 8 | BACKLIGHT-EN | 控制高压板的开关电压　0/3V |
| 9 | PANEL-EN | 控制液晶面板的电源开关 |
| 10 | RST | MCU 复位信号 |
| 11 | RXD | 白平衡通信时，与外部通信用的串行通信总线 |
| 13 | TXD | |
| 14 | IRQ | 中断输入 |
| 15 | MFB2 | 多功能引脚 |
| 16 | SDA | 与 U300 4KB EEPROM 通信时用的 IIC 串行通信总线 |
| 17 | SCL | |
| 18 | RST1 | 复位引脚 |
| 19 | NGA-CON | 判断信号线是否有插上 |

| Pin | 名称 | 功 能 | |
|---|---|---|---|
| 20 | XTAL1 | 20MHz 时钟输入 | |
| 21 | XTAL2 | | |
| 22 | GND | 接地端 | |
| 24、25、26 | | PANEL SELECT 端 | |
| 31 | K/E SELECT | 低电平输入 | 按键型 |
| | | 高电平输入 | 飞梭型 |
| 36 | WP | 可写端，高电平允许向 24C04 写入数据 | |
| 37 | LED1(ORANGE) | 控制按键板上的 LED 颜色 | |
| 38 | LED2(GREEN) | | |
| 39 | KEY1(AUTO) | 按键板上的 5 个按键控制 | |
| 40 | KEY2(ENTER) | | |
| 41 | KEY3(RIGHT) | | |
| 42 | KEY4(LEFT) | | |
| 43 | KEY5(POWER) | | |
| 44、35 | | 接电源 5V | |

2) 图像信号处理器(Sealer)电路

Sealer 电路的名称较多，如图像缩放电路、主控电路、图像控制器等。Sealer 电路的核心是一块大规模集成电路，称为 Sealer 芯片。

(1) 电路作用。对 A/D 转换得到的数字信号或 TMDS 接收器输出的数据和时钟信号，进行缩放、画质增强等处理，再经输出接口电路送至液晶面板，由液晶面板的时序控制 IC(TC0N)将信号传输至面板上的行列驱动 IC。另外，在 Sealer 电路中，一般还集成有屏显电路(0SD 电路)。

(2) GMZAN1 芯片介绍。GMZAN1 为 SVGA/XGA LCD 显示器图形处理器，包括 GAMMA 矫正、绿色复合同步信号解码电路、增强 OSD 功能等，如图 4-1-9 所示。

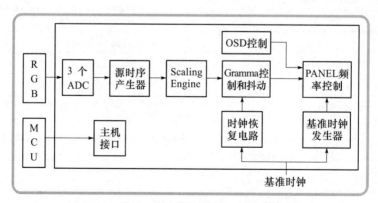

图 4-1-9　GMZAN1 芯片内部电路组成方框图

3) DC/DC 直流电源变换电路

采用 2 片直流电源转换芯片，即 LM2596 和 AIC1084。

(1) LM2596 直流稳压器的作用：将+12V 输入直流电压转换为+5V 直流电压输出。

输出电压值：可输出+3.3V、+5V、+12V 电压和 3A 电流。

输入电压最大值：可达 40V。

优点：外部元件少，只需接 4 个元件就可以工作。

其工作原理如图 4-1-10 所示。

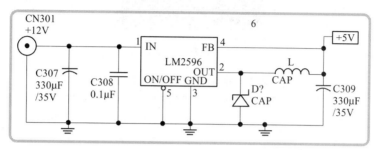

图 4-1-10　LM2596 芯片工作电路原理图

(2) AIC10843 端低压差可调输出稳压器的作用：将+5V 输入直流电压转换为+3.3V/5A
的直流输出。

输入电压范围：1.25～5.5V。

输出电压值：3.3V。

其工作原理如图 4-1-11 所示。

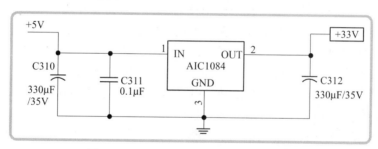

图 4-1-11　AIC1084 芯片工作电路原理图

4) 输入接口电路

液晶显示器一般设有传输模拟信号的 VGA 接口(D-Sub 接口)和传输数字信号的 DVI
接口。

(1) VGA 模拟信号输入接口：用来接收主机显卡输出的模拟 R、G、B 和行场同步信
号。

VGA 接口有三排，每排 5 只引脚，共 15 只引脚，引脚示意图如图 4-1-12 所示，实
物图如图 4-1-13 所示。引脚定义如表 4-1-2 所列。

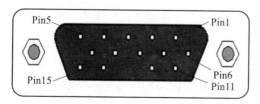

图 4-1-12　VGA 模拟信号输入接口正面引脚排列示意图

图 4-1-13　VGA 模拟信号输入接口实物图

表 4-1-2　模拟信号连接器引脚定义

| Pin | 名称 | 功能 | Pin | 名称 | 功能 |
|---|---|---|---|---|---|
| 1 | RV | 红色信号输入端 | 9 | +5V | +5V 电源 (从 PC 来) |
| 2 | GV | 绿色信号输入端 | 10 | SG | 同步地 |
| 3 | BV | 蓝色信号输入端 | 11 | NC | 空脚 |
| 4 | NC | 空脚 | 12 | SDA | $I^2C$ 总线 |
| 5 | GND | 接地 | 13 | HS | 行同步信号输入端 |
| 6 | RG | 红色接地 | 14 | VS | 场同步信号输入端 |
| 7 | GG | 绿色接地 | 15 | SCL | $I^2C$ 总线 |
| 8 | BG | 蓝色接地 | | | |

A/D 转换电路的作用：A/D 转换器即模/数转换器，用于将 VGA 接口输出的模拟信号 R、G、B 转换为数字信号，然后送到 Sealer 电路进行处理。

早期的液晶显示器，一般单独设立一块 A/D 转换芯片(如 AD9883、AD9884 等)，现在生产的液晶显示器，大多已将 A/D 转换电路集成在 Scaler 芯片中。

(2) DVI 数字信号输入接口：用于接收主机显卡 TMDS(最小化传输差分信号)发送器输出的 TMDS 数据和时钟信号，接收到的 TMDS 信号需要经过液晶显示器内部的 TMDS 接收器解码，才能加到 Sealer 电路中。

DVI 接口要与带有数字视频信号接口的显卡来配合使用，现在很多 TMDS 接收器都被集成在 Scaler 芯片中，如图 4-1-14 所示。

图 4-1-14　液晶显示器数字接口实物图

DVI 接口有 DVI-D 和 DVI-I 两种。

① DVI-D：有 24 个引脚，只能传输数字信号，如图 4-1-15 所示。

② DVI-I：有 29 个引脚，既能传输数字信号，又能传输模拟视频信号，如图 4-1-16 所示。

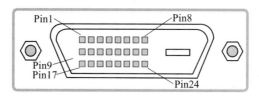

图 4-1-15 DVI-D 数字信号输入接口正面引脚排列示意图

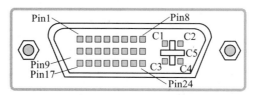

图 4-1-16 DVI-I 数字信号输入接口正面引脚排列示意图

5) 输出接口电路

驱动板与液晶面板的接口电路有多种,常用的主要有两种。

(1) TTL(晶体管-晶体管逻辑)接口。属于并行方式传输信号接口,一般包含 RGB 数据信号、时钟信号和控制信号三大类。

(2) LVDS(低压差分信号技术)接口。是美国 NS(美国国家半导体公司)公司为克服以 TTL 电平方式传输宽带高码率数据时功耗大、EMI 电磁干扰大等缺点而研制的一种数字视频信号传输方式。

LVDS 输出接口的引脚个数小于 30,常见的有 20 脚和 30 脚接口,其中单路 LVDS 输出采用 20 脚接口,双路 LVDS 采用 30 脚接口。

6) 功能控制(按键)板电路

(1) 电路组成。按键电路板上通常有 4~6 个键,还有一些发光二极管做指示灯,如图 4-1-17 所示。

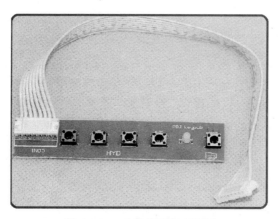

图 4-1-17 功能控制板实物图

(2) 功能。通过按键对显示器的亮度、色度等参数进行设置。

(3) 工作过程。将人工操作的指令送入驱动控制电路的微处理器中,当按下电源开关时,按键电路向微处理器发送一个低电平信号,触发器内部电路开始工作,绿色指示灯亮;当再次按下电源指示灯时,显示器中各个电路被关闭,红色指示灯亮。

【任务考核】

### 考核评价表

| 序号 | 考核项目 | 考核标准 | 分值 | 自我评价 | 小组评价 | 教师评价 |
|---|---|---|---|---|---|---|
| 1 | 识别驱动功能板 | 能正确表述组成结构及名称 | 5 | | | |
| | | 能正确说明指示灯作用 | 5 | | | |
| | | 能正确表述各主要部件名称 | 5 | | | |
| | | 能正确表述各接口作用 | 5 | | | |
| 2 | 识读驱动电路图 | 能正确识读各元器件符号 | 5 | | | |
| | | 能正确表述信号流程 | 5 | | | |
| | | 能正确描述工作原理 | 5 | | | |
| 3 | 检测驱动功能板 | 静态检测 | 15 | | | |
| | | 动态检测 | 15 | | | |
| 4 | 维修驱动功能板 | 能独立完成三个故障维修 | 15 | | | |
| 5 | 安全操作 | 断电操作 | 5 | | | |
| | | 无人身伤害 | 5 | | | |
| 6 | 整理工作台 | 整理工具设备 | 5 | | | |
| | | 桌椅摆放整齐 | 5 | | | |
| 合计 | | | 100 | | | |

## 任务二　维修液晶显示器驱动板故障

【实训准备】

工具准备：常用工具一套、恒温电烙铁一台、热风枪、数字万用表一块、数字示波器一台、直流稳压电源一台、编程器、计算机。

设备准备：液晶显示器驱动板。

具体任务：(1) 完成液晶显示器开机花屏故障的检测与维修。

(2) 完成液晶显示器开机白屏故障的检测与维修。

【实训指导】

液晶显示器驱动电路的常见故障主要有时钟电路、稳压器等，这些情况会造成液晶显示器"花屏""白屏"等现象，通过实战可以学习驱动板的维修方法吧。

### 1. 检修液晶显示器开机花屏故障

**1) 故障现象**

液晶显示器开机后画面上有干扰花纹，画面不清晰，无法观看，这种情况称为花屏故障。

电源灯亮
显示器花屏

怎么办？

**2) 检修方法**

故障分析：这通常是驱动板时钟电路故障造成的，驱动板是液晶的核心模块。驱动板损坏导致的后果也很多，其中最为典型的是开机后花屏故障。

重点检查部件：R\G\B 信号由输入到主芯片部分线路、信号输出到屏的连接座部分线路、驱动程序或屏幕。

维修思路：按信号流程逐步进行测量，根据测量数据判断故障部位。

以驱动板通用板的维修为例，操作步骤如图 4-2-1 所示。

| 测量方法图示 | 测量项目及说明 |
|---|---|
|  | 项目一：替换试验，即更换一台计算机主机。<br>测试结果：显示器还是花屏。 |
|  | 项目二：测量电源转换芯片是否被击穿。<br>测试结果：万用表显示 434，说明没有被击穿。 |

| 测量方法图示 | 测量项目及说明 |
|---|---|
| 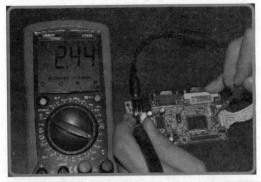 | 项目三：测量电源 IC 芯片是否输入 2.4V 电压。<br><br>测试结果：万用表显示 2.44，输入电压正常。 |
|  | 项目四：测量稳压二极管是否被击穿。<br><br>测试结果：万用表显示 001，蜂鸣器长鸣，说明二极管被击穿。 |

测量结果分析：通过测量发现稳压二极管被击穿，需要进行维修，更换稳压二极管后，屏幕花屏现象消失。

图 4-2-1  驱动板通用板花屏故障维修方法示意图

### 2．检修液晶显示器白屏故障

1) 故障现象

开机白屏故障是指液晶显示器开机后屏幕一片白，没有图像显示，这种故障称为白屏。

2) 检修方法

故障分析：

现象一：出现白屏现象表示背光板能正常工作,首先判断主板能否正常工作,可按电源开关查看指示灯有无反应,如果指示灯可以变换颜色,表明主板工作正常。

重点检查部件：

(1) 检查主板信号输出到屏的连接线是否有接触不良(可以替换连接线或屏)。

(2) 检查主板各个工作点的电压是否正常,特别是屏的供电电压。

(3) 用示波器检查行场信号和时钟信号(由输入到输出)。

现象二：如指示灯无反应或不亮,表明主板工作不正常。

重点检查部件：

(1) 检查主板各工作点的电压，要注意 EEPROM 的电压(4.8V 左右)、复位电压(高电平或低电平,根据机型不同)和 MCU 电压。如出现电源短路，要细心查找短路位置，PCB 板铜箔也有可能短路。

(2) 查找 MCU 各脚与主板的接触是否良好。

(3) 检查主板芯片和 MCU 是否工作,可用示波器测量晶振是否起振。

(4) 必要时替换 MCU 或对 MCU 进行重新烧录。

维修思路：按信号流程逐步进行测量，根据测量数据判断故障部位。

以驱动板通用板的维修为例，操作步骤如图 4-2-2 所示。

| 测量方法图示 | 测量项目及说明 |
|---|---|
|  | 项目一：替换试验，即更换一台计算机主机。<br>测试结果：显示器还是白屏。 |
| | 项目二：重新刷写新程序。<br>测试结果：显示器还是白屏。 |
| | 项目三：测量电源转换芯片是否被击穿。<br>测试结果：万用表显示 001，蜂鸣器长鸣，说明该芯片被击穿。 |
| 测量结果分析：通过测量发现驱动板的电源转换芯片 L7805 被击穿，更换 L7805 电源 IC 后，该液晶显示器一切正常。 | |
| 经检测，若电源转换芯片 L7805 正常，则继续检测其他元器件。 | |

| 测量方法图示 | 测量项目及说明 |
|---|---|
|  | 项目四：测量电源转换芯片是否被击穿。<br>测试结果：万用表显示 427，阻值正常，芯片没有被击穿。 |
|  | 项目五：测量电源 IC 芯片是否有 5V 电压输出。<br>测试结果：万用表显示 4.95V，电压输出正常。 |
|  | 项目六：测量处理器芯片 108 脚对地电压。<br>测试结果：万用表显示 0，说明芯片 108 脚对地电压为 0。<br><br>接通电源用手触摸该芯片，感觉芯片温度急剧升高。 |

测量结果分析：由此判断该芯片损坏。

经检测，芯片电压输出正常，则继续检测。

|  | 项目七：按下延时器菜单键时，屏幕上不显示菜单列表。 |

| 测量方法图示 | 测量项目及说明 |
|---|---|
|  | 项目八：重新刷写新程序。<br><br>测试结果：显示器还是不显示菜单列表。 |
|  | 项目九：测量处理器的 108 脚是否输出高电平。<br><br>测试结果：万用表显示 3.26，说明有高电平输出。 |
|  | 项目十：测量处理器的第 1 脚是否有 2.5V 电压输入。<br><br>测试结果：万用表显示 2.44，说明有 2.5V 电压输入。 |
| 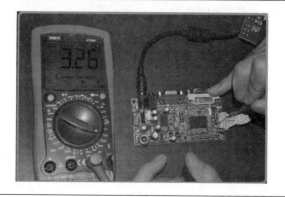 | 项目十一：测量存储 IC 的第 5 脚是否输出低电平。<br><br>测试结果：万用表显示 3.26，说明输出不是低电平(0V)。 |

测量结果分析：证明该储存器损坏，更换储存芯片，故障解决，液晶显示器恢复正常。

图 4-2-2　液晶显示器驱动通用板花屏故障维修方法示意图

【知识仓库】

## 知识储备

1. 驱动板的烧录方法
2. 驱动板电路的故障特点
3. 液晶维修专用编程器 ISP
4. 液晶显示器整机维修思路
5. 液晶显示器整机维修步骤

**1. 驱动板的烧录方法**

在液晶显示器主板的电路检测及维修中，有很多实际故障都是由于液晶驱动板程序损坏或错乱引起的。这就需要掌握驱动程序的烧录以及编程器的使用方法。

下面举例介绍驱动板程序的烧录方法。

例 1：使用 RT806UXP 维修专用编程器(DELL 19in 主芯片 TSUM56BWHK-LF-2SST25 LF020A)。

使用的软件：RT806UXP 编程器 OEM 版 V1.32。

烧录程序操作步骤：

(1) 双击安装该软件，安装过程如图 4-2-3~图 4-2-10 所示。

图 4-2-3　软件安装示意图(一)

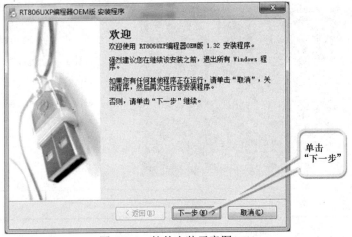

图 4-2-4　软件安装示意图(二)

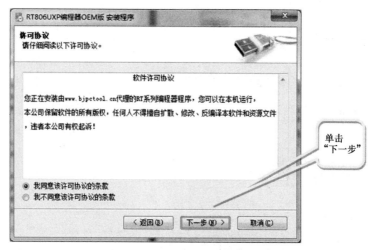

图 4-2-5 软件安装示意图(三)

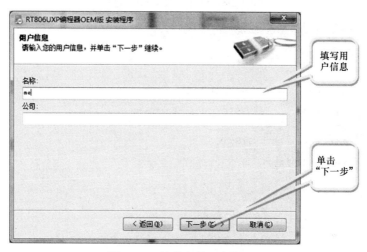

图 4-2-6 软件安装示意图(四)

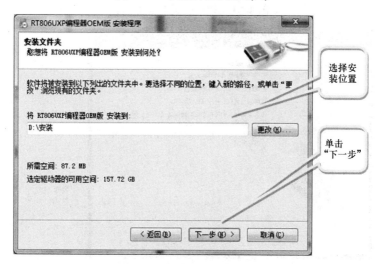

图 4-2-7 软件安装示意图(五)

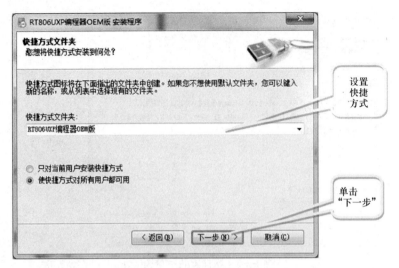

图 4-2-8　软件安装示意图(六)

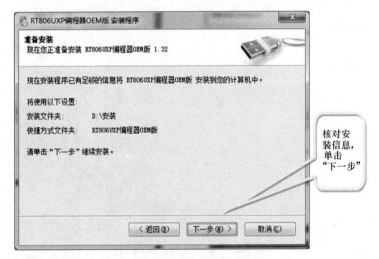

图 4-2-9　软件安装示意图(七)

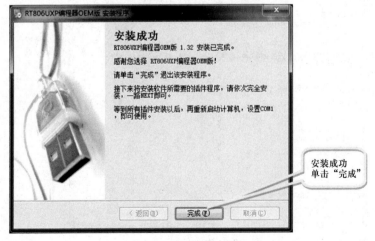

图 4-2-10　软件安装示意图(八)

(2) 驱动板程序烧录。烧录程序前，先将驱动板 VGA 线连接到编程 VGA 口上，确保 VGA 线的 12 脚和 15 脚连接完好，然后加电烧录。

如果烧录时出现"ISP 联机错误"，则按以下步骤处理：

① 检查驱动板是否上电，VGA 线是否连接。

② 更换一块新的驱动板和 VGA 线再进行检查。

③ 检查 USB 和并口线是否连接完好，可更换连线再进行检查。

双击屏幕上该软件的图标，出现如图 4-2-11 所示界面。进入界面后进行程序烧录(由于该型号显示器 MCU 程序不好找，有时需要整体更换)。

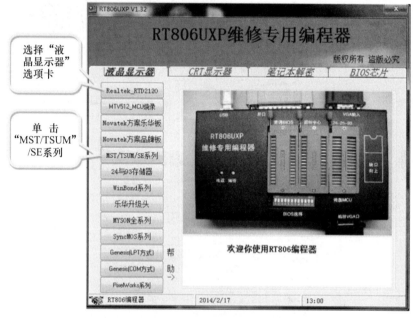

图 4-2-11　软件主界面示意图

例 2：使用 RT806UXP 维修专用编程器(不拆芯片，在线升级。DELL 显示器需要将驱动板 VGA 接口的 4 脚连接到编程器转接口的第 3 脚 RXD；VGA 接口的 11 脚连接到编程器转接口的第 2 脚 TXD；地线接到第 4 脚 GND 上)。

操作步骤如图 4-2-12～图 4-1-14 所示。

烧录完成后，断开电源，取下即可。

**2．驱动板电路的故障特点**

(1) 常见故障。包括无法开机、显示方面故障等。

(2) 故障现象及原因。

① 无法开机、工作不稳定、死机。原因是晶振虚焊或损坏、谐振电容虚焊或损坏、时钟芯片旁的限流电阻损坏、时钟电路中的振荡器损坏等。

② 关机白屏。原因是控制开关信号的三极管损坏。

③ 缺色。原因是图像输入电路元器件、信号线、图像处理器等损坏。

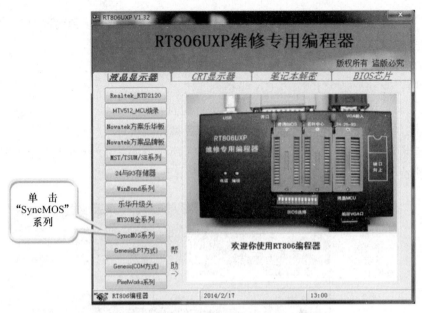

图 4-2-12　软件主界面示意图

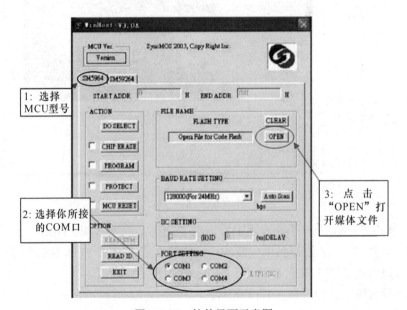

图 4-2-13　软件界面示意图

(3) 维修建议

① 检查输入、输出、供电和键盘接口线是否接触不良。

② 检查主控芯片的供电脚电压是否正常。

③ 检查 5V 和 12V 供电引脚电压是否正常。

④ 检查电源开关按键是否正常。

⑤ 检查晶振、复位电路是否正常。

⑥ 检查存储芯片和主控芯片是否有问题。

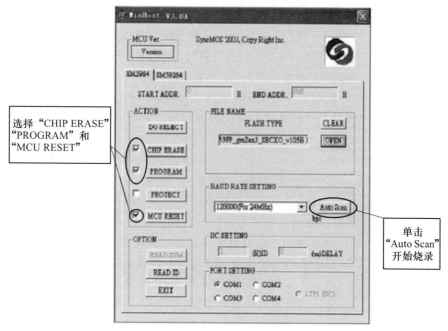

选择"CHIP ERASE"
"PROGRAM"和
"MCU RESET"

单击
"Auto Scan"
开始烧录

图 4-2-14　软件界面示意图

### 3. 液晶维修专用编程器 ISP

ISP(In System Programming，在系统编程)是指无需从电路板上取下器件就可以在线写入最终用户程序代码而采用的一种编程方式，已经编程的器件也可以用 ISP 方式擦除或再编程。ISP 编程是一种简单、方便的低成本编程，在众多场合得到了广泛的应用。ISP 工具又称为 ISP 编程器。它是用来把液晶驱动板(液晶显示器)和上位机(计算机)进行连接的一块接口电路板，是实现液晶驱动板 ISP 读写功能一个专用且必备的工具。

ISP 编程器能实现的功能如下：

(1) 支持常见品牌的通用液晶驱动板的程序烧录，如乐华、鼎科、凯旋、宏捷悦康等的升级头、升级口、VGA 口的程序烧录；支持 ACER、BENQ、LG、KTC、GREATWALL 等实用 MTV 系列驱动板的机型。

(2) 支持 Novatek/Myson/Realtek/ Genesis/Mstar/ Syncmos/Philips/Pixelworks/STC/ Winbond/TOPRO 等驱动板类芯片的 ISP 编程。

(3) 支持联想、PHILIPS、三星、优派、Prestigio、DELL、海尔、HYUNDAI 等采用 Novatek 方案。液晶显示器的 ISP 在线读、写功能，可不开盖修复手机的 MCU 程序和维修液晶显示器软件故障。

(4) 支持 24C01-24C128 的读写。

(5) LG 显示器、出厂前的程序写入支持三星。

(6) 支持笔记本电脑电池维修。

(7) 通过简单动手，完成诸如 NT68F63、NT68F633 一类多为 MCU 独立烧写座读写易如反掌。

### 4. 液晶显示器整机维修思路

1) 液晶显示器整机维修处理顺序

(1) 了解情况。维修前与客户充分沟通，了解故障现象和故障发生前后的具体情况。

(2) 检查外观。仔细观察显示器外观是否有裂痕、破损等情况，向客户指明情况并记录。

(3) 通电试机。在客户同意维修的前提下，当面进行开机、关机、连接计算机等试机操作。

(4) 拆机并维修。先观察显示器结构，了解连接点、卡扣点、黏合点和螺丝的位置再拆机。拆机过程中应注意每个部件的位置、状态和形态，记清拆卸顺序，保留好细小螺丝和配件。

2) 故障维修处理办法

(1) 先用眼再用手。先检查有无断线、元件变形、变色、异味等情况，然后再动手检测。

(2) 先清洗再补焊。在显示器受潮、被摔或内部积尘过多的情况下，先除尘清洗，再对电路板的虚焊进行补焊，有些故障可自动排除。

(3) 先断电再检修。切断电源，做好静电防护，再对电路板进行检修。

(4) 先静态后动态。在未通电的情况下，进行阻值和通断的测量，确认无误后再通电测量电压。

(5) 先供电后信号。先检修电源供电是否正常，再检查信号通道，大部分故障都是供电不正常造成的。

3) 故障维修的判断方法

(1) 直观检查法。

(2) 测量电阻法。

(3) 测量电压法。

(4) 测量电流法。

(5) 比较替换法。

(6) 清洗补焊法。

(7) 示波器测量法。

### 5. 液晶显示器整机维修步骤

液晶显示器整机维修步骤如图 4-2-15 所示。

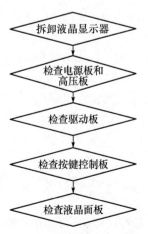

图 4-2-15　液晶显示器整机维修步骤

**【任务考核】**

考核评价表

| 序号 | 考核项目 | 考核标准 | 分值 | 自我评价 | 小组评价 | 教师评价 |
|------|----------|----------|------|----------|----------|----------|
| 1 | 识读驱动板 | 能正确表述组成结构名称及作用 | 10 | | | |
| | | 能正确识读元器件 | 10 | | | |
| | | 能正确表述信号流程 | 10 | | | |
| 2 | 检测驱动板 | 静态检测 | 10 | | | |
| | | 动态检测 | 10 | | | |
| 3 | 维修驱动板 | 能独立完成花屏和白屏障维修 | 20 | | | |
| | | 能独立操作编程器 | 10 | | | |
| 4 | 安全操作 | 断电操作 | 5 | | | |
| | | 无人身伤害 | 5 | | | |
| 5 | 整理工作台 | 整理工具设备 | 5 | | | |
| | | 桌椅摆放整齐 | 5 | | | |
| | 合计 | | 100 | | | |

**拓展知识**

液晶显示器的常见故障分析举例

1. 按键失灵

(1) 测量各个按键的对地电压，如出现电压过低或为 0V，则检查按键板到驱动板部分线路有无短路、断路，上拉电阻有无错值和虚焊，座和连接线有无接触不良。

(2) 注意按键本身有无损坏。

(3) 以上检查如果无误，请检查驱动板程序。

2. 双色指示灯不亮或只亮一种颜色

(1) 检查指示灯部分线路，由驱动板输出到指示灯控制的三极管电平是否正常。通常为一个高电平 3.3V 和一个低电平 0V，切换开关机时，两电平相反。如不正常，则检查电路到驱动板之间有无短路、虚焊。

(2) 检查三极管的供电电压(5V 或 3.3V)是否正常，三极管输出是否正常，可测量指示灯两端电压是否为+3V。

(3) 检查液晶主板插座到按键板之间有无接触不良，电路板有无对地短路。

(4) 必要时替换指示灯。

(5) 程序出错会导致驱动板指示灯引脚无输出。

3. 偏色

(1) 检查主板信号 R\G\B 由输入到主芯片部分的线路有无虚焊、短路、电容电阻有无错值。

(2) 按下 AUTO 键看能否短暂恢复，这时可考虑程序或进入工厂模式，进行白平衡调节，观察能否调出正常颜色(有些是用户菜单误调整)。国内用的色温是 9300，如果偏红，则检查是否被用户调整成 6500。

(3) 必要时替换 MCU 或对 MCU 进行重新烧录。

(4) 屏也会造成偏色现象。

**4．缺色故障的维修方法**

(1) 检查主芯片到连接座之间有无短路、虚焊(注意芯片脚，片状排阻和连接座，特别是扁平插座)。

(2) 检查屏到主板的连接线(如扁平电缆之间)有无接触不良。

(3) 必要时更换主板、连接线或屏，找出问题所在。

**5．无信号**

现象一：通电后出现无输入信号(NO VGA INPUT)。

(1) 检查 VGA 电缆连接。

(2) 检查主板由行、场输入(注意 VGA 母座的行、场与地之间有无短路)到反相器输出再到主芯片部分的线路有无虚焊、短路、电容电阻有无错值。

(3) 检查主板各点工作电压(有可能是由于主芯片损坏)。

现象二：通电后出现超出显示(VGA NOT SUPPORT 或 FREUENCY OUT OF RANGE)。

(1) 检查计算机输入信号是否超出范围。

(2) 检查主板各点的工作电压(有可能是由于主芯片损坏)。

(3) 检查是否程序出错。

**6．画面闪(字抖动)**

(1) 用自动调节或用手动调节"相位"能否调好。

(2) 检查主板各个点的工作电压(有可能是由于主芯片损坏)。

(3) 检查锁相回路电容电阻有无错值。

(4) 检查主板由行、场输入到反相器输出再到主芯片部分的线路有无虚焊、短路、电容电阻有无错值。

(5) 屏和程序出错也会有此现象。

**7．重影**

(1) 检查输入信号，是否因为接分配器而引起、VGA 电缆不合规格引起或是用了延长线。

(2) 检查主板 VGA 座有无虚焊、连焊或接触不良。

(3) 检查主板由信号输入到芯片部分的线路有无虚焊、短路、电容电阻错值或变值。

(4) 检查主板各点工作电压(有可能是由于主芯片损坏)。

(5) 程序和屏不良也会引起重影。